DIE THÜRINGER WALDAUTOBAHN

RHINOVERLAG
WEIMAR

Inhalt

Vorwort des Thüringer Ministerpräsidenten

Es ist eine schöne Idee, den Bau der Thüringer „Waldautobahn" in Wort und Bild zu dokumentieren. Das Ergebnis kann sich sehen lassen: Wenige Monate nach Eröffnung des Rennsteigtunnels wird ein großformatiges Buch veröffentlicht, das der Bedeutung dieser wichtigen Autobahnverbindung gerecht wird.
Informative Texte, Graphiken, Bilder und Karten illustrieren die Entstehung der rund 222 Kilometer langen Nord-Süd-Trasse, die durch landschaftlich reizvolle Gegenden führt. Dieses Buch trägt dazu bei, die Leistungen der Menschen zu würdigen, die sich für die zügige Verwirklichung des Verkehrsprojektes „Deutsche Einheit Nr. 16" eingesetzt haben. Dafür meinen herzlichen Dank!
Die Thüringer „Waldautobahn" setzt mit ihren zahlreichen Brücken- und Tunnelbauwerken neue Maßstäbe – auch in ökologischer Hinsicht. Bestes Beispiel dafür ist der Rennsteigtunnel, Deutschlands längster Autobahntunnel, der den Kamm des Thüringer Waldes auf einer Länge von rund 7.900 Meter unterquert. Die beiden Tunnelröhren genügen nicht nur höchsten Sicherheitsstandards, sondern stellen auch die beste Lösung für den Natur- und Landschaftsschutz dar.
Dass sich beispielsweise die Fahrtzeit zwischen Südthüringen und Erfurt auf der „Waldautobahn" von etwa zwei Stunden auf rund 45 Minuten verkürzt, wissen nicht nur die Autofahrer zu schätzen. Es bedeutet auch, dass der belastende Durchgangsverkehr in den Städten und Gemeinden entlang der neuen Trasse reduziert und die Lebensqualität der hier lebenden Menschen erhöht wird.
Ich freue mich, dass sich die A 71 zwischen Erfurt und Schweinfurt und auch die A 73 zwischen Suhl und Coburg unwiderruflich auf die bayerisch-thüringische Grenze zu bewegen und die beiden Freistaaten noch besser miteinander verbinden. Die Thüringer „Waldautobahn" ist ein weiterer wichtiger Schritt, um die teilungsbedingten „Lücken" im Thüringer Verkehrsnetz zu schließen.
Durch den Bau von Verkehrswegen wie der A 71 und der A 73 kann Thüringen die Vorteile seiner zentralen Lage in der Mitte Deutschlands optimal nutzen. Eine leistungsfähige Infrastruktur ist für die wirtschaftliche Entwicklung unseres Landes notwendig, damit sich viele Investoren aus dem In- und Ausland für den Standort Thüringen entscheiden und neue Arbeitsplätze schaffen.

Wir haben seit der friedlichen Revolution viel erreicht, aber wir sind noch nicht am Ziel. Weder bei den Straßenverbindungen noch beim Schienennetz. Deshalb muss zum Beispiel die Hochgeschwindigkeitsstrecke Berlin – München über Leipzig/Halle, Erfurt und Nürnberg zügig weitergebaut werden.
Dem Band über die Thüringer „Waldautobahn" wünsche ich viele aufmerksame Leser und Betrachter, den Autofahrern allzeit gute und unfallfreie Fahrt!

Dieter Althaus
28. Oktober 2003

Vorwort des Thüringer Ministers für Wirtschaft, Arbeit und Infrastruktur

Was zusammen gehört, rückt endlich zusammen! Für Südthüringen wird das mehr und mehr zur verkehrstechnischen Wirklichkeit: Das für die Region wichtigste Verkehrsprojekt der neueren Zeit ist im Bereich der A 71 fertig, der Bau der A 73 schreitet sichtbar und bereits mit praktischem Nutzen voran. Damit wird ein Grundproblem behoben, das drückt, seit die Menschen und ihre Wirtschaft sich größere Räumen erschlossen: Die Trennung einer starken Wirtschaftsregion durch die geographischen Gegebenheiten. Mit der neuen „Waldautobahn" wird die natürliche Barriere Thüringer Wald überwunden, ohne den bekanntesten Naturraum des Landes zu schädigen. Vielmehr haben die bemerkenswerten Verkehrsbauten durchaus die Qualität, selbst Sehenswürdigkeiten zu sein.
Man darf auch nicht die Entlastung der an der Strecke gelegenen Städte und Orte vergessen. Gewiss waren alle froh, wieder in der Mitte Deutschlands zu sein und offene Verbindungen nach Süden wieder hergestellt zu wissen; sicher ist starker Verkehr ein Zeichen dynamischer Wirtschaft. Ebenso sicher hatten die Menschen in diesen Orten aber auch schwer daran zu tragen. Das ist Vergangenheit. Der Verkehr kann so stark sein, wie wir ihn brauchen – denn er fließt auf der richtigen Trasse.
Die überregionale Verkehrsanbindung liegt in großen Teilen Ostdeutschlands immer noch unter dem Niveau vergleichbarer Regionen Westdeutschlands. Lange Wege auf überlasteten Straßen bedeuten höhere Kosten; höhere Kosten sind ein Wettbewerbsnachteil. Das bedeutet: Gerade bei der Verkehrsinfrastruktur gilt also in hohem Maße, dass die Förderung der großen Fernverbindungen nach wie vor als Nachteilsausgleich notwendig ist. Neue Fernverbindung zeitigen zweifelsfrei die Wirkung, dass verkehrstechnisch weniger begünstigten Regionen geradezu ein Qualitätssprung in Richtung optimale Anbindung machen. Die Städte an der A 71 und A 73 können sich jetzt auch, wie schon seit langem die mittelthüringer Städte an der A 4, als „Perlenkette" entlang einer Autobahn sehen.
Die Autobahn A 71 und A 73 sind mit ihren Brücken und Tunneln technisch und verkehrspolitisch ein Jahrhundertbauwerk. Sie bringen Südthüringen als Verbindung und Anbindung einen epochalen Fortschritt, wie er so grundlegend zuletzt im neunzehnten Jahrhundert mit der Erschließung durch die Eisenbahn bewirkt wurde.

Jürgen Reinholz
28. Oktober 2003

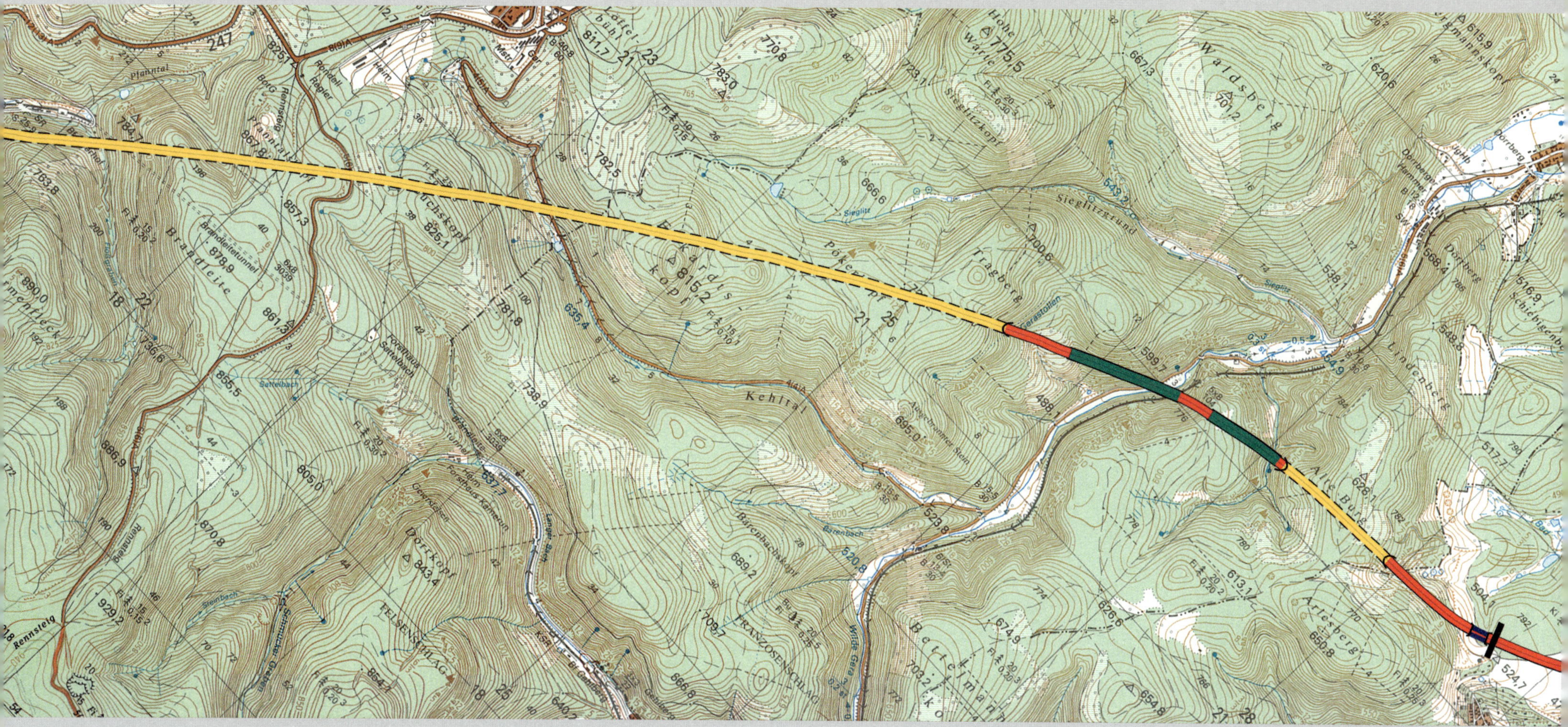
Waldsberg
Tragberg
Kehltal
Rennsteig

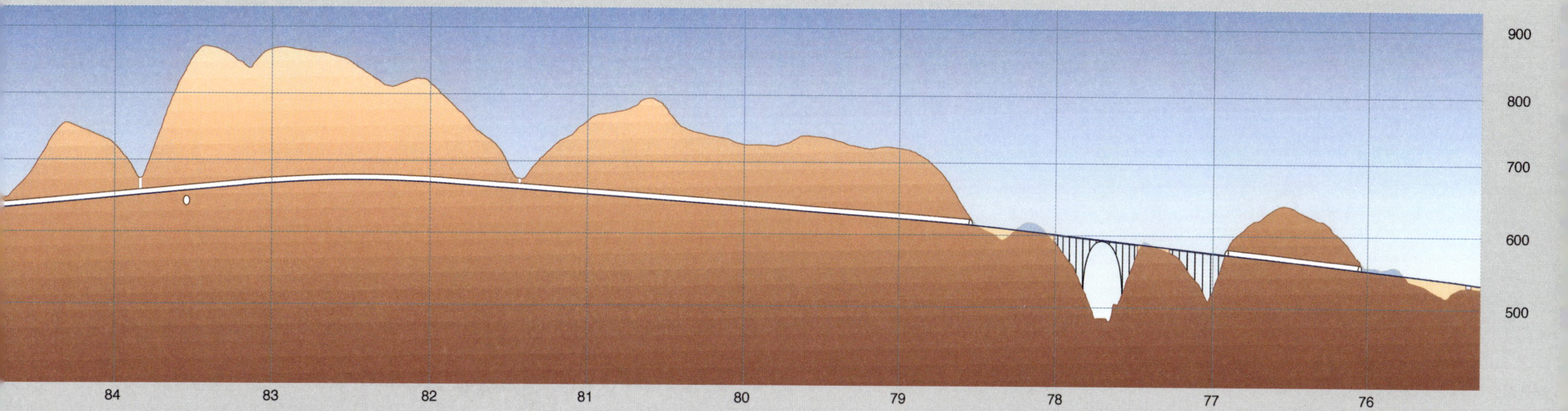
900
800
700
600
500
84
83
82
81
80
79
78
77
76

Die
Thüringer
WaldAutoBahn

Der Verlag bedankt sich beim
Thüringer Ministerium für Wirtschaft, Arbeit und Infrastruktur für
die Unterstützung bei der Herausgabe dieses Buches.

Thüringer Ministerium
für Wirtschaft, Arbeit und Infrastruktur

Die Bundesautobahn
A71 Erfurt-Schweinfurt / A73 Suhl-Lichtenfels
durch den Thüringer Wald

Verkehrsprojekt Deutsche Einheit Nr. 16

Einleitung

Kam man Anfang der 90er Jahre auf der Autobahn A4 nach Thüringen, stand der Schönheit der Landschaft ein weniger beeindruckendes Fahrerlebnis entgegen: die vorwiegend zweispurige Trasse mit ihrer zum Teil fünfzigjährigen Bausubstanz ließ förmlich spüren, dass ein Auto aus verschiedenen Einzelteilen besteht.
Seitdem konnte man sich jährlich von den Ausbaufortschritten sowohl der A4 von West nach Ost und der A9 von Nord nach Süd überzeugen. Beeindrucken konnten bald nur noch die in diesem Zusammenhang zwingend notwendigen Baustellen, die Schritt für Schritt zu einem modernen Fahrgefühl auf einer leistungsfähigen Trasse führten.
Kaum vorstellbar war in dieser Zeit der frühen Neunziger, dass man jetzt an der Anschlussstelle Erfurt/West auf der A4 auf einem neu entstandenen Autobahnkreuz und einer neuen Autobahn in Richtung Thüringer Wald steuern kann.

Seit dem 05. Juli 2003 sind rund 83 km der A71 zwischen Erfurt-Bindersleben und Meiningen-Süd durchgängig befahrbar. An jenem denkwürdigen Tag wurde im Beisein von Bundeskanzler Gerhard Schröder, zahlreichen weiteren hochrangigen Vertretern von Bund, Ländern und Gemeinden und unter großer Anteilnahme der Bevölkerung Südthüringens der 16,5 km lange Abschnitt Anschlussstelle (AS) Ilmenau-West – AS Oberhof, einschließlich dem Rennsteigtunnel – mit rund 7,9 km Deutschlands längster Straßentunnel – feierlich für den Verkehr freigegeben. Im Zuge dieser Verkehrsfreigabe wurden auch der Tunnel Alte Burg (874 m) sowie die Talbrücken Reichenbach (1.000 m) und Zahme Gera (520m) in Betrieb genommen. Damit wurde die Lücke der Kammquerung des Thüringer Waldes geschlossen.

Talbrücke Schwarza

Geschichte des Projektes Bundesautobahn A71/A73

Der Neubau der A71/A73 ist eines der sieben Verkehrsprojekte Deutsche Einheit - Straße und ist im Bundesverkehrswegeplan '92 als „Vordringlicher Bedarf" ausgewiesen. 129,8 km der insgesamt 222,6 km langen Neubaustrecke führen durch den Freistaat Thüringen. Die Planung und der Bau dieses Streckenanteils liegen in Verantwortung der DEGES, Deutsche Einheit Fernstraßenplanungs- und -bau GmbH.

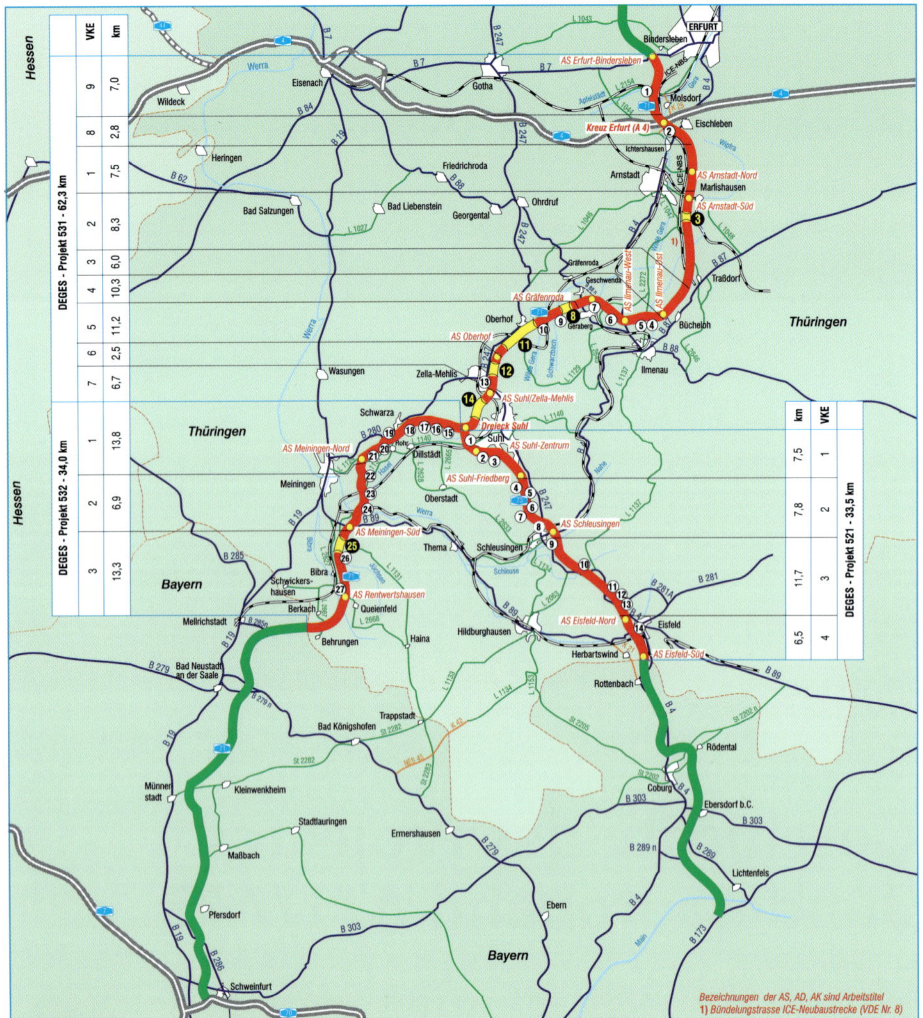

Besondere Ingenieurbauwerke

A 71

1	Talbrücke Apfelstädt	293 m
2	Talbrücke Geratal	204 m
3	Tunnel Behringen	465 m
4	Talbrücke Altwipfergrund	282 m
5	Talbrücke Streichgrund	450 m
6	Talbrücke Reichenbach	1.000 m
7	Talbrücke Zahme Gera	520 m
8	Tunnel Alte Burg	874 m
9	Talbrücke Schwarzbachtal	352 m
10	Talbrücke Wilde Gera	552 m
11	Tunnel Rennsteig	7.916 m
12	Tunnel Hochwald	1.056 m
13	Talbrücke Steinatal	352 m
14	Tunnel Berg Bock	2.740 m
15	Talbrücke Albrechtsgraben	770 m
16	Talbrücke Seßlestal	320 m
17	Talbrücke Schafstalgrund	525 m
18	Talbrücke Streitschlag	256 m
19	Talbrücke Schwarza	675 m
20	Talbrücke Rotes Tal	406 m
21	Talbrücke Schindgraben	464 m
22	Talbrücke Judental	456 m
23	Talbrücke Haseltal	729 m
24	Talbrücke Werratal	1.194 m
25	Tunnel Eichelberg	1.110 m
26	Talbrücke Jüchsen	369 m
27	Talbrücke Bibra	247 m

A 73

1	Talbrücke Haseltal	845 m
2	Talbrücke Wiesental	252 m
3	Talbrücke Langer Grund	380 m
4	Talbrücke Wallersbachtal	550 m
5	Talbrücke Dambach	372 m
6	Talbrücke Leuke	280 m
7	Talbrücke Silbach	337 m
8	Talbrücke St. Kilian	448 m
9	Talbrücke Nahe	430 m
10	Talbrücke Schleuse	690 m
11	Talbrücke Brünn	696 m
12	Talbrücke Sulzebach	268 m
13	Talbrücke Weißa	237 m
14	Talbrücke Werratal	432 m

Neubau durch DEGES
Neubau durch das Land

-Schematische Darstellung-

Planung

Die Entstehungsgeschichte der Thüringer Waldautobahn begann mit klaren Vorgaben:

- Die Autobahn soll den Südthüringer Raum erschließen und eine Verbindung der Thüringer Wirtschaftszentren mit Bayern schaffen. Gleichzeitig soll sie eine Verkehrsverbindung zur A7/A70 Schweinfurt/Stuttgart/Ulm beziehungsweise zur A73/A9 Bamberg/Nürnberg/München herstellen.
- Für die raumordnerischen Untersuchungen und die Festlegung der Streckenführung ist der Raum um die Städte Sömmerda, Erfurt, Suhl, Meiningen bzw. Schleusingen, Eisfeld von Thüringen zur Landesgrenze nach Bayern zu untersuchen. Darüber hinaus ist eine künftige Weiterführung nach Norden in Richtung Halle/Magdeburg zu berücksichtigen.
- Aus ökologischen Gründen kann die Querung des Thüringer Waldes nur an einer Stelle erfolgen. Das hat zur Folge, dass eine Aufspaltung der Autobahnen in A71 und A73 südlich des Thüringer Waldes erfolgen muss.

Bei der Planung eines solchen Verkehrsprojektes ist ein Zusammenwirken aller Planungsträger und eine sorgfältige technische Konzeption unter Beteiligung aller öffentlich-rechtlichen Träger notwendig. Des Weiteren sind folgende Schritte erforderlich:

Raumordnungsverfahren und Umweltverträglichkeitsstudie (UVS)

Ein Raumordnungsverfahren prüft die Verträglichkeit der Verkehrsmaßnahme mit den raumordnerischen Zielen des Landes. Die Bewertung erfolgt dabei nach Kriterien der Raum- und Siedlungsstruktur, der Verkehrsinfrastruktur, der Wirtschaftsstruktur, des Natur-, Landschafts- und Umweltschutzes, des Städtebaus und der Ortsgestaltung etc.

Im Rahmen des Raumordnungsverfahrens wird ebenfalls eine Umweltverträglichkeitsstudie durchgeführt. Sie dient der Ermittlung, Beschreibung und Bewertung der Auswirkungen des Vorhabens auf Menschen, Tiere, Pflanzen, Boden, Wasser, Luft, Klima und Landschaft sowie auf Kultur und sonstige Sachgüter. Zur Planung der Thüringer Waldautobahn wurde in einem ersten Schritt der großräumige Zusammenhang der Funktionen der verschiedenen Umweltbereiche untersucht, um folgend relativ konfliktarme Korridore bestimmen zu können, die sich zur Aufnahme von Trassen eignen.

Im zweiten Teil, dem sogenannten Variantenvergleich, wurden die einzelnen Trassenvarianten in einem zweistufigen Prüfverfahren, der vereinfachten Variantenuntersuchung und der vertieften Untersuchung der Trassenzüge, nach ökologischen Gesichtspunkten hinsichtlich der bau-, anlage- und betriebsbedingten Auswirkungen des Vorhabens beurteilt. Grundlage dafür bildete eine flächendeckende Bestandsbewertung der Korridore.

Trassenfindung und Linienbestimmungsverfahren

Innerhalb der nach Umweltverträglichkeitsstudie ermittelten Korridore wurden Trassenzüge aus über 170 einzelnen Trassenvarianten, die zum Teil untereinander kombinierbar waren, entwickelt. In einem mehrstufigen Auswahl- und Abwägungsprozess wurden die vertieft zu untersuchenden Varianten eingegrenzt, so dass schließlich eine Vorzugslinie für das Raumordnungsverfahren benannt werden konnte.

Aufgrund der erfolgten Landesplanerischen Beurteilung wurde unter Auswertung der Maßgaben die Linie angepasst, die Kostenschätzung aktualisiert und die Umweltverträglichkeitsuntersuchung vertieft und abgeschlossen. Die Linienbestimmung wurde beim Bundesminister für Verkehr gemäß §2 VerkPBG beantragt. In Übereinstimmung mit den übrigen Bundesbehörden bestimmte der Bundesminister im August 1994 die Linie für die Bündelungsstraße und Mai 1995 für das Gesamtprojekt.

Entwurf

Der Entwurf der Autobahn durch den Thüringer Wald wird durch topographische Vorgaben geprägt. Die Autobahn ist entsprechend ihrer Verkehrsaufgabe eine Fernstraße der Straßenkategorie A, d.h. mit den aus den Entwurfsgeschwindigkeiten VE = 120 km/h bzw. VE = 100 km/h abgeleiteten Entwurfsparametern. Sie hat einen Querschnitt RQ 26 und ist mittels 15 Anschlussstellen, einem Autobahnkreuz und einem Autobahndreieck mit dem übrigen Straßennetz verbunden.

Im Entwurf wurde festgelegt, dass an der Strecke 6 beidseitige Rastplätze, am Beginn der Hochlage des Thüringer Waldes nordöstlich von Oberhof bei Geraberg eine Tank- und Rastanlage und im Bereich der Anschlussstelle Oberhof eine Autobahnmeisterei mit zentraler Betriebsleitstelle entstehen.

Den ökologischen Belangen wurde von Anfang an ein ganz außerordentlicher Stellenwert beigemessen. Im Interesse einer möglichst umweltverträglichen Linienführung erfolgt die Querung des Thüringer Waldes daher insgesamt auf mehr als 14 km Länge im Tunnel und über eine Vielzahl von Brückenbauwerken (40 Talbrücken mit mehr als 100 m Länge, 11 davon sind länger als 500 m).

Besonderheiten der Autobahn sind beispielsweise:

Bündelungsabschnitt

Der räumliche und sachliche Zusammenhang zwischen der Fernstraße (VDE Nr.16) und der Eisenbahn (VDE Nr.8) im Raum Erfurt - Ilmenau stellte die Planer vor die Aufgabe, eine möglichst umweltverträgliche und landschaftsschonende Lösung für die Führung der beiden Verkehrswege zu finden. So wurden verschiedene Varianten für eine mögliche Linienführung der A71 untersucht und in bezug auf verkehrliche, ökologische und ökonomische Aspekte bewertet. Bei diesem Variantenvergleich ergaben sich deutliche Vorteile für eine westliche Umfahrung von Erfurt und Molsdorf bei möglichst enger Bündelung beider Verkehrswege:

- Ein doppelter Zerschneidungseffekt der Landschaft wird vermieden.
- Beim Bau der Trassen muss nur einmal und räumlich konzentriert in die Landschaft eingegriffen werden.
- Gemeinsames Planen und Bauen spart Zeit und Kosten.

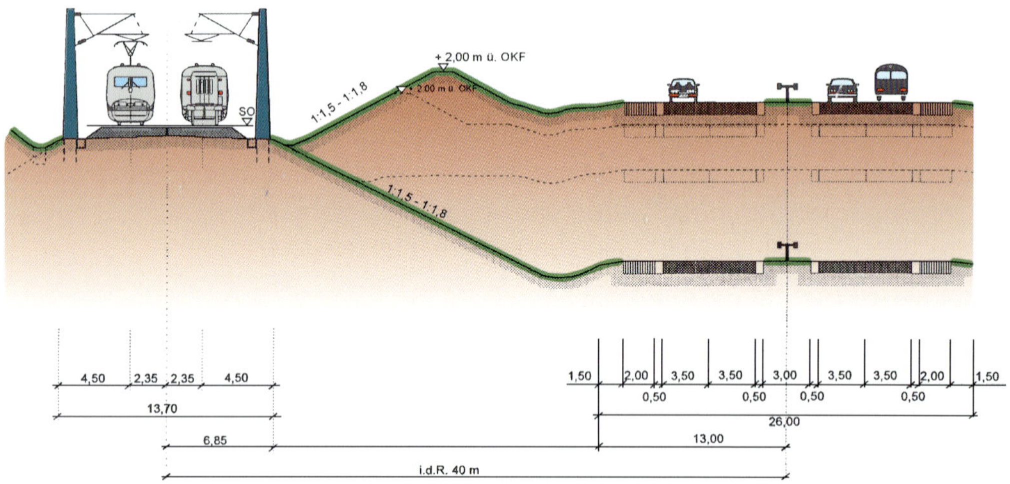

Regelquerschnitt der Bündelungsstrecke

Da für die Neubaustrecke (NBS) der Bahn bereits sehr frühzeitig eine positive landesplanerische Beurteilung vorlag, in der die Bündelung mit der A71 empfohlen wurde, bot es sich an, die Vorteile eines gemeinsamen und damit beschleunigten Verfahrensablaufs zu nutzen. Das Raumordnungsverfahren für diesen Abschnitt der A71 wurde also vorgezogen, um die Verfahren zur Linienbestimmung bzw. zur Planfeststellung vorzeitig einzuleiten zu können. Im September 1994 wurde das Planfeststellungsverfahren für die Bündelungsstrecke eingeleitet, und schon im Oktober des darauffolgenden Jahres lag der Beschluss - und damit das Baurecht - vor. Im Oktober 1996 schließlich wurde mit den Bauarbeiten begonnen.

1998 Eisenbahnbrücke AK Erfurt – Bündelungsabschnitt

Nur zweieinhalb Jahre nach dem 1. Spatenstich konnte im Dezember 1998 der erste verkehrswirksame Streckenabschnitt der A71 auf einer Länge von 25,6 km zwischen der AS Erfurt-Bindersleben (B7) und Traßdorf für den Verkehr freigegeben werden. Welche Bedeutung die frühzeitige Fertigstellung dieses nördlichen Abschnitts der A71 für die städtebauliche und wirtschaftliche Entwicklung der Landeshauptstadt Erfurt und der im Nahbereich der Trasse gelegenen Gemeinden hat, lässt sich schon heute an den für das Jahr 2010 prognostizierten Verkehrsbelastungen der A71 ablesen: im Abschnitt zwischen Erfurt und Arnstadt werden es zwischen 39.000 und 44.000 Kfz/24h, im Abschnitt südlich Arnstadt bis Ilmenau-Ost 33.000 Kfz/24h sein.

Die Autobahn

- übernimmt die Funktion einer Westumfahrung Erfurts und bewirkt so eine deutliche Entlastung des nachgeordneten Straßennetzes, der Innenstadt sowie der Ortsdurchfahrten vom Durchgangsverkehr.
- bietet dem Flughafen Erfurt eine direkte Autobahnanbindung.
- bietet den Bewohner der südlich anschließenden Landkreise Arnstadt, Ilmenau, Zella-Mehlis/Suhl, Rudolstadt/Saalfeld eine bessere Erreichbarkeit der Landeshauptstadt.
- erlaubt einen schnelleren Zugang zum Fernstraßennetz (insbesondere in West-Ost-Richtung) über die Verknüpfung der A71 mit der A4 am Autobahnkreuz Erfurt.

Kammquerung

Im Kernbereich des Thüringer Waldes, einem Landschaftsschutzgebiet, muss der Kamm des Mittelgebirges auf einer Länge von rund 20 km mit Höhenlagen zwischen 600 bis 800 m gequert werden. Damit kommt der Kammquerung eine herausragende Bedeutung im Zuge des Neubaus der A71/A73 zu. Mit seiner dichten Aufeinanderfolge von Talbrücken und Tunneln weist der 20,4 km lange Streckenabschnitt zwischen der Anschlussstelle (AS) Gräfenroda und dem Autobahndreieck (AD) Suhl Besonderheiten auf, wie sie bisher einmalig im deutschen Autobahnbau sind. Hinsichtlich der planerischen, logistischen und ingenieurtechnischen Herausforderung kann die Realisierung der Kammquerung ohne Übertreibung als eine der anspruchsvollsten Aufgabenstellungen bei der Verwirklichung der Verkehrsprojekte Deutsche Einheit - Straße insgesamt bezeichnet werden.

Auch hier wurde eine technisch anspruchsvolle und zwangsläufig kostenintensive Lösung vor allem mit Rücksicht auf die Umwelt gewählt. Die Tatsache, dass gerade in diesem Bereich den Forderungen des Natur- und Landschaftsschutzes bei der

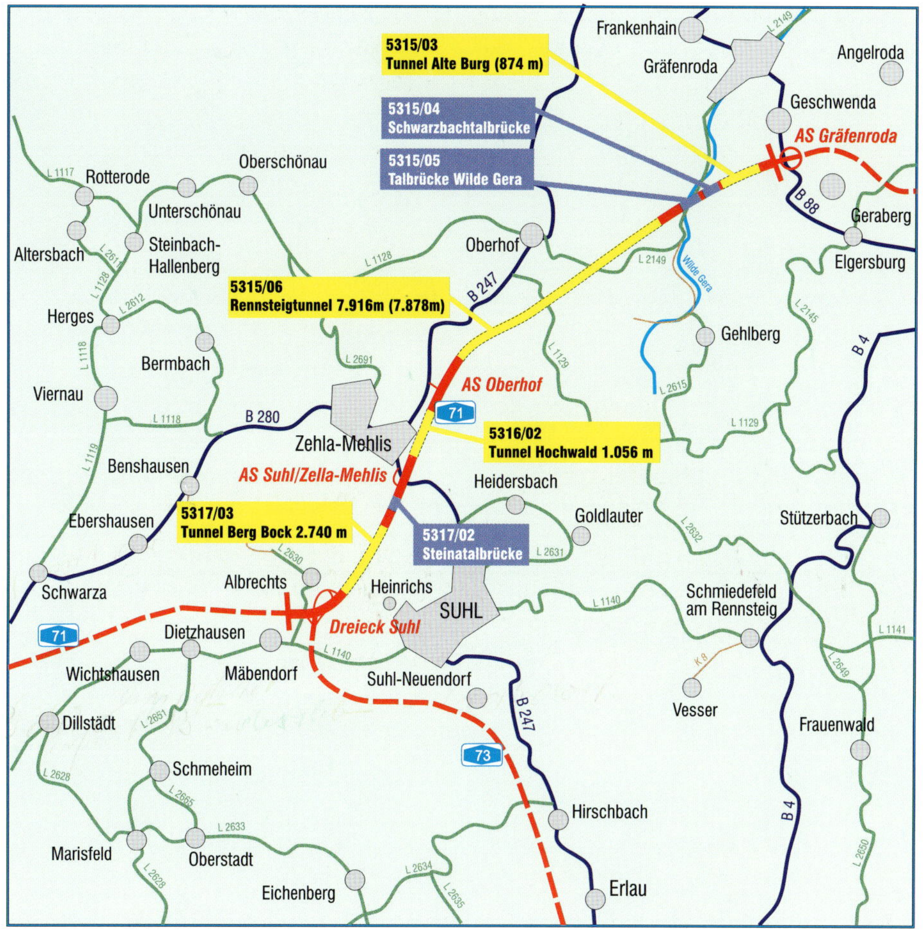

Linienfindung in besonderer Weise Rechnung getragen wurde, führte zu der Konsequenz, dass die Kammquerung überwiegend unter Tage erfolgt und zwar in den vier Tunnelbauwerken Alte Burg, Rennsteig, Hochwald und Berg Bock mit einer Gesamtlänge von 12,6 km, wobei der Tunnel Rennsteig mit rund 7,9 km Länge der längste Straßentunnel Deutschlands ist.

Tunnel
Alte Burg

Tunnel
Berg Bock

Tunnel
Hochwald

Tunnel
Behringen

Gleichzeitig liegen in diesem Teilabschnitt mehrere Autobahnbrücken mit einer Gesamtlänge von 1,4 km, darunter die drei großen Talbrücken: Schwarzbachtal (352 m), Wilde Gera (552 m) und Steinatal (340 m).

Für eine optimale Anbindung des nachgeordneten Straßennetzes an die A71 sorgen in diesem Streckenabschnitt die beiden Anschlussstellen Oberhof (B 247) und Suhl/Zella-Mehlis (B 247) sowie das Autobahndreieck Suhl (A71/A73). Diese dichte Aufeinanderfolge unterschiedlicher Ingenieurbauwerke brachte neben einer Vielzahl technischer Herausforderungen auch besondere logistische Probleme mit sich.

Talbrücke Steinatal

Talbrücke Schafstal

Talbrücke Streitschlag

Talbrücke Rotes Tal

Talbrücke Schindgraben

Rennsteigtunnel

Zwischen den Anschlussstellen Zella-Mehlis und Geraberg ist Deutschlands längster Autobahntunnel mit einer 7.916 Meter langen westlichen Röhre und einer 7.878 Meter langen östlichen Röhre entstanden. Der Tunnel ist Teil der A71 bei Suhl und unterquert den Kamm des Thüringer Waldes. Die Baukosten beliefen sich auf ca. 250 Mio. €.

Seit der ersten Sprengung am 26.08.1998 und dem Tunneldurchbruch am 22.11.2000 sind knapp 5 Jahre vergangen. Rund 1,35 Mio. m^3 Festmasse mussten entfernt werden.

Bohrwagen am Tunnel Rennsteig

Den Thüringer Wald nur mit einem Tunnel in der Kammlage zu unterfahren, war erkennbar die sicherste Lösung. Dabei wurde gleichzeitig erreicht, dass die maximale Längsneigung von 3,8 auf 2 % reduziert werden konnte und dass der Eingriff in die empfindliche Ökologie und in das Landschaftsbild weiterhin minimiert werden konnte.

Der Rennsteigtunnel wie auch alle anderen Tunnel wurde bergmännisch aufgefahren. Der Tunnelvortrieb wurde auf die geotechnischen Eigenschaften des Gebirges abgestimmt, das im wesentlichen aus Porphyr und Granit besteht. Vortrieb und Sicherung erfolgten nach den Prinzipien der Spritzbetonweise.

Schalwagen im Rennsteigtunnel

Besonders schwierig war die Überfahrung des 115 Jahre alten zweigleisigen Eisenbahntunnels „Brandleite“. Zwischen dem Ausbau des Eisenbahntunnels und der Sohle des Autobahntunnels verbleibt eine Gebirgsfeste von 7m. Diese Gebirgsfeste wurde mit Ankern von der Kalottensohle des Autobahntunnels aus ertüchtigt, so dass der Bestand des Brandleitetunnels nicht beeinträchtigt wurde.

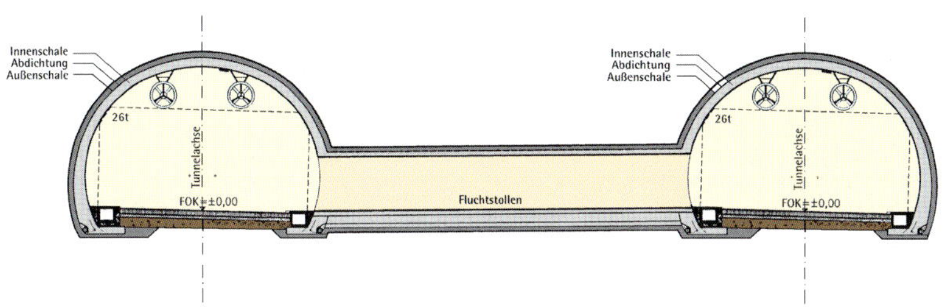

Querschnitt Rennsteigtunnel

Eine weitere tunnelbautechnische Besonderheit sind die Luftaustauschzentralen. Zur Unterbringung der Ventilatoren und der erforderlichen betriebstechnischen Einrichtungen muss der Regelquerschnitt von 90 auf 200 m^2 vergrößert werden. Die Kavernen der beiden Tunnelröhren mit einer Bauhöhe von rund 16 m werden durch einen Querschlag gleichen Querschnitts verbunden.

Rennsteigtunnel

Besondere Herstellungsverfahren und innovative Techniken

Bei der Querung des Mittelgebirges im Zuge der A71/A73 ergibt sich aufgrund der Topografie der Bau von 40 Großbrücken unterschiedlicher Weiten und Höhen (max. Länge: 1.187 m; max. Höhe: 110 m). Bestimmend für diese große Anzahl von Großbrücken ist jedoch nicht nur die bewegte Topografie, sondern auch die komplizierte Aufgabenstellung, in einer zum größten Teil landschaftsgeschützten Mittelgebirgslandschaft einen modernen Verkehrsweg zu bauen. Dabei haben Planer und Ingenieure auf Standardisierungen verzichtet und für jeden Standort individuelle, den jeweiligen Gegebenheiten optimal angepasste Lösungen gewählt. Daraus ergab sich eine Vielfalt unterschiedlicher Brückentypen, bei deren Herstellung auch neue, innovative Techniken und Verfahren erprobt wurden. Beispiele:

Talbrücke Schwarzbachtal – Spannbetonbauwerke mit externer Vorspannung

Gegenüber der konventionellen Vorspannung (Spannglieder auch in den Stegen einbetoniert) liegen bei Hohlkastenbrücken in Spannbetonbauweise mit externer Vorspannung die externen Spannglieder außerhalb des Betonquerschnitts, also frei zugänglich im Hohlkasten. Diese Bauweise bietet hinsichtlich der Herstellungsqualität, der Überwachung und Instandhaltung erhebliche Vorteile.

Talbrücke Schwarzbachtal

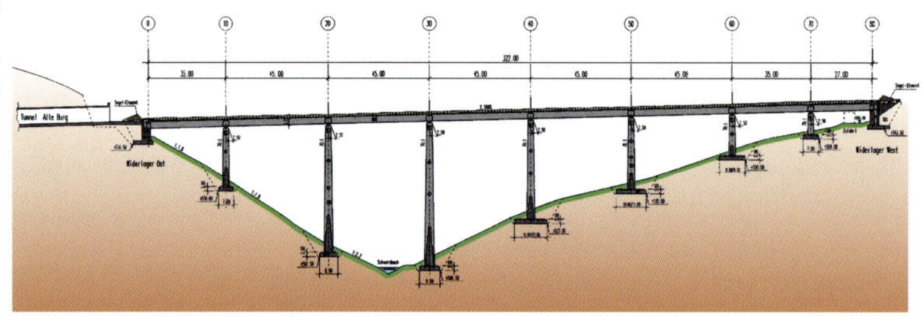

Längsschnitt Talbrücke Schwarzbachtal

Die DEGES hat ab Mitte der 90er Jahre die externe Vorspannung, die in den 80er Jahren in Nordrhein-Westfalen erprobt worden war, in modifizierter Form aufgegriffen und erstmals unter Wettbewerbsbedingungen Brücken mit externer Vorspannung in der sog. „Mischbauweise" (Kombination aus internen und externen Spanngliedern) zum Standard erhoben. Eine der ersten Brücken der DEGES in Mischbauweise war die Talbrücke Schwarzbachtal im Zuge der A71.

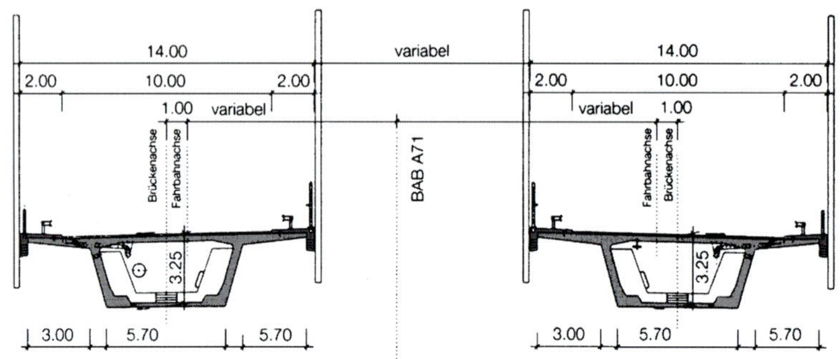

Querschnitt Talbrücke Schwarzbachtal

Talbrücke Wilde Gera – Einteiliger Stahlverbundquerschnitt

Bei der 110 m hohen Talbrücke Wilde Gera ergaben Variantenuntersuchungen mit zweiteiligen Überbauten gestalterisch unbefriedigende Lösungen. Seit Anfang der 80iger Jahre ist festgelegt, dass bei zweibahnigen Straßen grundsätzlich getrennte Überbauten vorzusehen sind, um bei größeren Instandsetzungsarbeiten einen Überbau sperren und den Verkehr auf die Gegenfahrbahn leiten zu können. Bei hohen Brücken ergeben sich neben den Kosten der daraus resultierenden doppelten Unterbauten vor allem die erwähnten gestalterischen Nachteile. Ein reiner Stahlüberbau mit einteiligem Querschnitt wurde aufgrund der exponierten Lage (erhöhte Gefahr von Glatteisbildung) ausgeschlossen.

Beim Entwurf der Talbrücke Wilde Gera wurde die Möglichkeit der Erneuerung einer Richtungsfahrbahn unter Aufrechterhaltung des Verkehrs bei einem einteiligen Überbau untersucht.

Talbrücke Wilde Gera

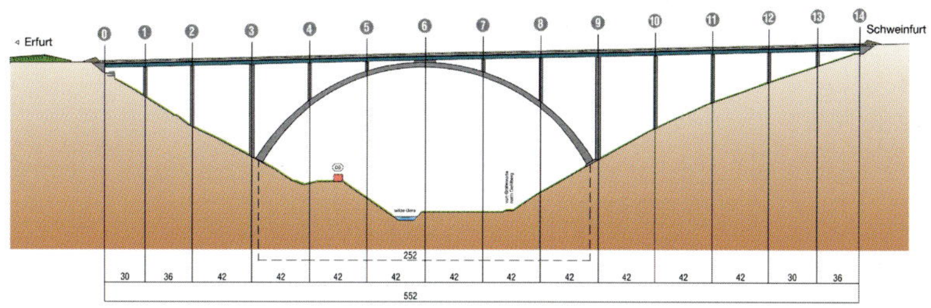

Längsschnitt Talbrücke Wilde Gera

Das Ergebnis war ein einteiliger Stahlverbundquerschnitt mit Schrägstreben unter der auskragenden Fahrbahnplatten. Der Querschnitt ist so konzipiert, dass das „Verschleißteil Betonfahrbahnplatte" abschnittsweise (ca. 15 m) erneuert werden kann, wobei der Verkehr auf der Gegenfahrbahn läuft. Der ein-

Querschnitt Talbrücke Wilde Gera

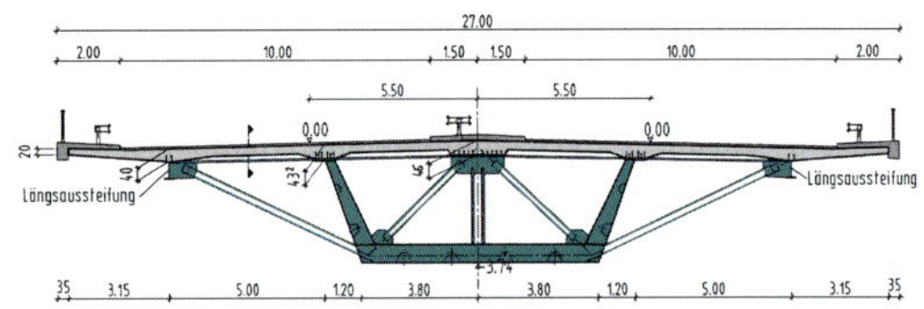

Talbrücke Albrechtsgraben

teilige Querschnitt ermöglichte den Sonderentwurf einer Bogenbrücke mit der Rekordspannweite von 252 m.
Weitere Brückenbauwerke mit einteiligem Stahlverbundquerschnitt im Zuge der A71 sind die Talbrücken Reichenbachtal, Albrechtsgraben, Seßlestal und Schwarza.

Talbrücke Seßlestal

Talbrücke Altwipfergrund – Hybridbauweise

Die Talbrücke Altwipfergrund überquert einen ökologisch besonders wertvollen Talgrund, der auf 100 m Breite in unberührtem Zustand erhalten werden muss. Das Bauwerk mit Stützweiten von 82 - 115 - 82 m war deshalb im freien Vorbau herzustellen.
Angeregt durch Beispiele in Hybridbauweise in Frankreich fiel die Entscheidung auf diese in Deutschland neue Konstruktions-

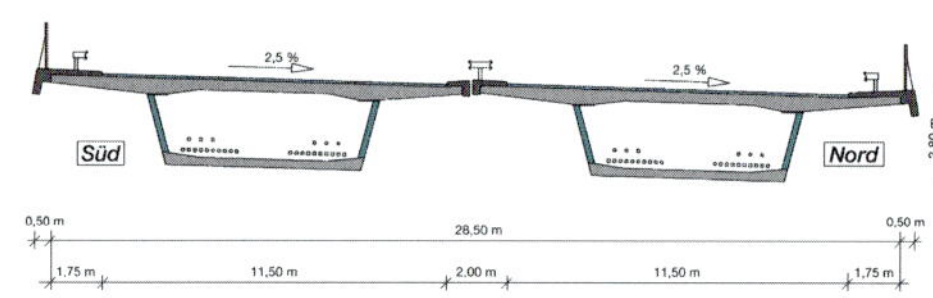

Querschnitt Talbrücke Altwipfergrund

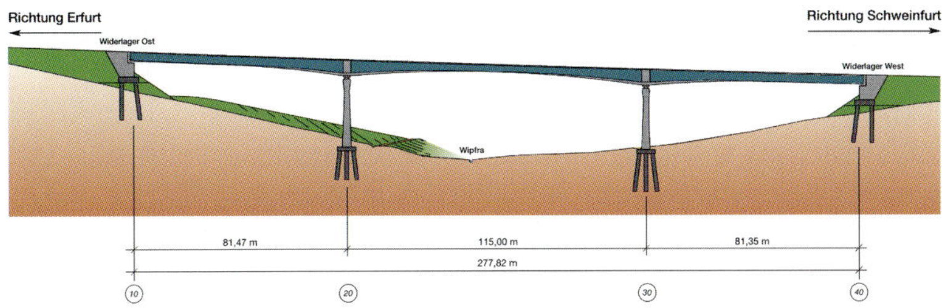

Längsschnitt Talbrücke Altwipfergrund

Talbrücke Altwipfergrund

bauweise. Der gevoutete Überbauquerschnitt ist ein Spannbeton-Hohlkasten mit Stahlstegen aus Trapezprofilen und angeschweißten Gurtplatten. Die Kraftübertragung erfolgt über Kopfbolzendübel.

Talbrücke Zahme Gera – Stützen in Y-Form

Die 520 m lange Talbrücke überquert ein ca. 65 m tief eingeschnittenes Tal. Bestimmend für die Wahl der Stützweiten waren die Talflanken, die überbrückt werden mussten. Daraus ergaben sich Stützweiten von 115 + 145 + 145 + 115 m. Durch Spreizung der Stützen in Y-Form konnte der Hohlkasten des Überbaus trotz der großen Spannweite schlank gehalten werden. Die Gabel hat eine innere Spreizung von ca. 25 m bei einer Höhe von 20 m. Die Gabel ist biegesteif mit dem Überbau verbunden, so dass Lager lediglich bei den Widerlagern erforderlich werden.

Talbrücke Zahme Gera

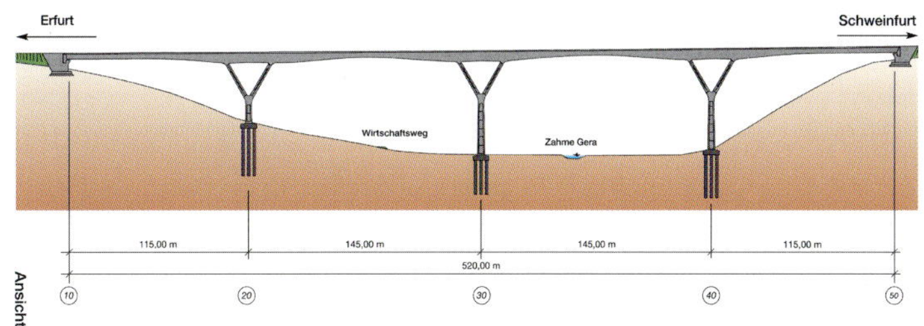

Längsschnitt Talbrücke Zahme Gera

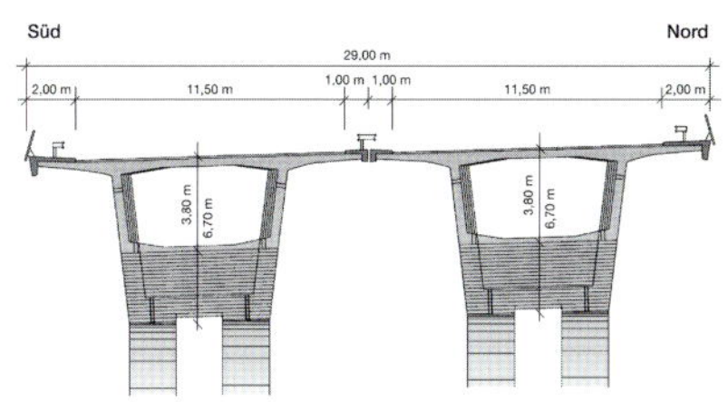

Querschnitt Talbrücke Zahme Gera

Baudurchführung

Durch die dichte Aufeinanderfolge der Ingenieurbauwerke waren neben einer Vielzahl technischer Herausforderungen besondere logistische Probleme für die Baudurchführung zu lösen. Hier ist in erster Linie die Massenbewältigung des Ausbruchmaterials aus 12,6 km Tunnel mit Doppelröhren (mithin also eine Tunnellänge von insgesamt rund 25 km) und Querstollen mit rd. 2,5 Mio. m^3 zu nennen.
Der Thüringer Wald ist dicht bewaldet und liegt überwiegend im Wasserschutzgebiet. Deponieflächen im nahen Trassenbereich standen nur begrenzt zur Verfügung. Massentransporte im Wasserschutzgebiet über bereits heute schon überlastete Straßen zur Beförderung auf entfernt liegende Deponieflächen sind kosten- und zeitaufwendig und kaum durchsetzbar.
Da das Ausbruchmaterial als Dämmbaustoff und nach Aufbereitung als Zuschlagsstoff für den Überbau geeignet ist, wurde der Einbau in der Trasse auf einer Länge von ca. 50 km geplant.

Deshalb wurden bei der Ausschreibung alle Tunnelbaulose in drei Teillose aufgeteilt:
- Tunnelausbruch/-ausbau,
- Aufbereitung des Ausbruchmaterials zu Frostschutzmaterial,
- Erd- und Deckenbau im Anschlussbereich der Tunnelbauwerke.

Das überschüssige Frostschutzmaterial für die Gesamtstrecke wurde zwischengelagert. Die Schnittstellen zwischen den Teillosen wurden nach Qualität, Quantität, Transportweg, Arbeitsflächen und Zeitablauf vorgegeben, so dass jedes Los getrennt kalkuliert werden konnte. Um zu vermeiden, dass Unternehmen vom Wettbewerb ausgeschlossen werden, weil sie keinen Zugang zu einer Bieter- oder Gewerkegemeinschaft finden, wurden neben dem Angebot für das Gesamtlos, das für die Tunnelanbieter zwingend war, Teillosangebote für die Aufbereitung und den Erd- und Deckenbau zugelassen. Diese Angebote wurden mit den entsprechenden Teillosen der abgegebenen Gesamtangebote verglichen und ausgetauscht, wenn sie günstiger als die entsprechenden Teillosangebote des Hauptbieters waren.
Aus der Kombination der Gesamtangebote mit dem jeweils günstigsten Teillosangebot ergab sich schließlich das wirtschaftlichste Gesamtangebot.
Alle Großbrücken wurden getrennt ausgeschrieben. Da sie rechtzeitig für Massen-Längstransporte zur Verfügung stehen mussten, wurden sie zeitlich vorgezogen, wobei teilweise das Baurecht über eine Plangenehmigung erreicht wurde.

Sicherheitskonzept

Betriebs- und sicherheitstechnische Ausstattung

Betriebssicherheit hat beim modernen Tunnelbau in Deutschland höchste Priorität. Dies gilt auch für die sechs Tunnel an der A71. Alle Bauwerke verfügen über:
- getrennte Röhren für jede Richtungsfahrbahn,
- Querstollen in regelmäßigen Abständen, die teilweise für Rettungsfahrzeuge befahrbar, in jedem Falle begehbar sind und damit als Fluchtstollen dienen,
- genügend Notrufnischen und Pannenbuchten.

Darüber hinaus wurde jedes Bauwerk mit einem umfassenden Paket an Betriebs- und Sicherheitseinrichtungen ausgestattet.

Beleuchtung, Belüftung, Verkehrsleiteinrichtung, Funkanlagen für Radio, Mobiltelefon, Notrufanlagen, Brandmelder, Hydranten, Videoüberwachung, Wärme- und Trübsicht- und CO-Sensoren sind Beispiele zusätzlicher Sicherheit.
Eine Zentrale Betriebsleitstelle überwacht rund um die Uhr alle Daten und Informationen die von diesen elektronisch gesteuerten Betriebs- und Sicherheitseinrichtungen ausgehen.

Entsprechende Notrufnischen (ca. 100 allein im Rennsteigtunnel) sind jeweils mit einer Notrufmeldeeinrichtung, zwei Feuermeldern und Feuerlöschern ausgerüstet. Das Betreten der Nische bzw. die Entnahme von Feuerlöschern wird in der Zentralen Betriebsleitstelle auf einem Alarmmonitor gemeldet. Sofort werden nachfolgende Autofahrer durch Herabsetzen der Geschwindigkeit (auf 60 km/h) gewarnt und die Tunnelbeleuchtung auf 100 % heraufgesetzt.

Sicherheitskonzept Zentrale Betriebsleitstelle

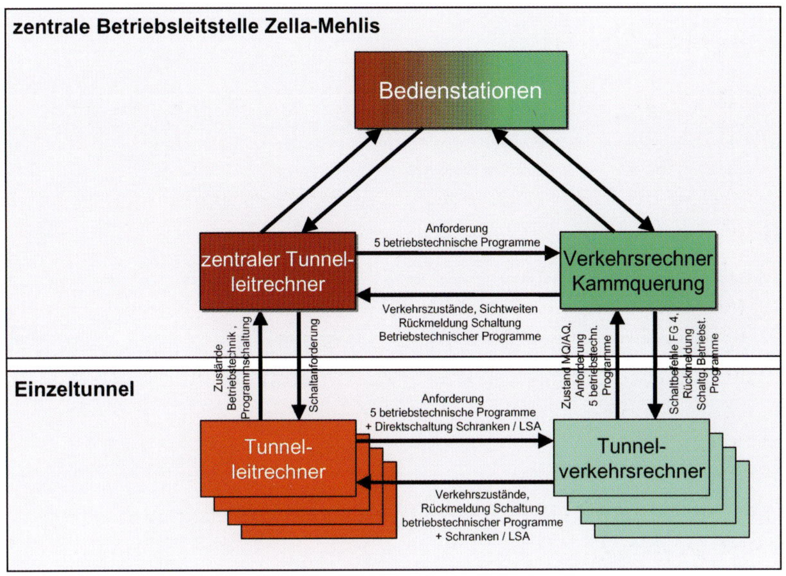

Ausstattung im Überblick:

Brandmeldeanlage deren Signal direkt an die Feuerwehr weitergeben wird und eine Tunnelsperrung auslöst. (registriert automatisch innerhalb kürzester Zeit Brände im Tunnel und bietet zusätzlich über sog. Handmelder die Auslösung von Brandalarm per Hand)

Zusätzliche **Fluchtwegkennzeichnung** in Form von neuartigen Fluchtweghinweisleuchten alle 25 Meter an den Fluchtmöglichkeiten sind in allen Tunneln Standard. (Diese Fluchtweghinweisleuchten an der linken Tunnelwand weisen in Richtung des nächstgelegenen Fluchtweges und lösen im Brandfall eine Orientierungsleuchte aus, die auch bei sehr starker Verrauchung eine sichere Orientierung in der Röhre ermöglicht)

Eine **Tunnellüftung** dient zur Tunnelbe- bzw. -entlüftung im Normalbetrieb als auch im Brandfall, bei dem extra Lüftungsprogramme aktiviert werden.

Tunnellüftung Rennsteigtunnel

Die Aufgabe der **Verkehrsbeeinflussungsanlage** ist es, den Verkehrsfluss im Tunnel zu überwachen und z.B. bei Stau den nachfolgenden Verkehr zu warnen. Auch die verkehrstechnischen Einrichtungen zur Tunnelsperrung wie Ampeln, Sperrschranken und Wechselverkehrszeichen bis hin zu den Autobahnauffahrten im Bereich der Kammquerung gehören zum verkehrstechnischen Konzept.

Über eine **Videoanlage** (im Rennsteigtunnel beispielsweise 133 Kameras) werden insbesondere die Bereiche vor den Notrufnischen, Querschläge, Überfahrten, Pannenbuchten und den Portalen permanent beobachtet.

Durch die eingebaute **Funkanlage** ist die Kommunikation unter den Rettungsdiensten möglich; außerdem wird eine gewisse Anzahl von Radiosendern ausgestrahlt. Durch Einsprechmöglichkeiten - jeweils in den Betriebsstationen der Tunnel bzw. von der Betriebsleitstelle - können Informationen sowohl über die Radiosender als auch über eine Durchsageanlage in bestimmte Abschnitte des Tunnels durchgegeben werden. Die Anweisungen an die Tunnelnutzer sind in drei Sprachen abgespeichert.

Beispiel Tunnel Rennsteig:
Im längsten Straßentunnel Deutschlands wurden für die elektrischen Verbraucher und zur Datenübertragung ca. 2000 km Cu-Kabel und 110 km Lichtwellenleiterkabel verlegt. Die eingebaute Leittechnik muss hier ca. 40.000 Datenpunkte und ca. 3.000 Messwerte verarbeiten.

Von der zentralen Betriebsleitstelle aus sind die Steuerung von Lüftung und Beleuchtung, die Tunnelsperrung sowie zur Information und Warnung der Tunnelnutzer, Durchsagen über Lautsprecher und im Verkehrsfunk möglich.

Zentrale Betriebsleitstelle

Aufgrund der Tatsache, dass im Zuge der A71 sechs, und speziell im Bereich der Kammquerung, in kurzer Aufeinanderfolge vier große Tunnelbauwerke zu betreuen sind, wurde auf Höhe der AS Oberhof die Zentrale Betriebsleitstelle (ZBL) für das Autobahnamt des Freistaates Thüringen eingerichtet. Hier laufen jedoch nicht nur die Fäden zur Überwachung, Steuerung und Sicherung der sechs Tunnel der „Thüringen Autobahn" zusammen, sondern auch für weitere Tunnelbauwerke im Freistaat wie Jena (A4), Schmücke (A71), Höllberg (A38) und Leutratal (A4), die 2006 bzw. später in Betrieb genommen werden. Schließlich werden von der ZBL auch die beiden Verkehrsbeeinflussungsanlagen (VBA) Jena-Leutratal und Schorba an der A4 gesteuert.

Zentrale Betriebsleitstelle

Die Aufgaben, die von der ZBL Thüringen wahrgenommen werden, umfassen die Bereiche: Betriebstechnik, Verkehrstechnik, Annahme von Notrufen aus den Tunneln und Anrufen aus dem öffentlichen Netz, Video-Überwachung, Durchsage über Lautsprecher und Verkehrsfunk, Betriebsfunk Autobahnmeisterei, Straßenzustands- und Wetter-Informations-System, Statistiken und Auswertungen, Koordinierung von Wartungs- und Instandhaltungsarbeiten sowie die Mitwirkungen bei Schadensereignissen auf Anweisung der Einsatzleitung.

Die ZBL ist im 24-Stunden-Dienst ständig mit zwei Personen besetzt. Schalthandlungen erfolgen selbständig entsprechend den Festlegungen der jeweiligen Einsatzstufe bzw. auf Anweisung der Polizei und der Feuerwehr.

Bei Störungen und Havarien werden immer beide Leitstellen der Polizei und Feuerwehr informiert. Im Einsatzfall werden von der Feuerwehr, Polizei und dem Rettungsdienst Verbindungsbeamte eingesetzt, die den Kontakt zwischen den jeweiligen Leitstellen und der ZBL herstellen und bestimmte Anweisungen veranlassen.

Die Bauwerke der „Tunnelkette Thüringer Wald" sind eingebunden in das Katastrophenschutz-Konzept der zuständigen Stellen der Landkreise Ilmkreis und Schmalkalden-Meiningen sowie der Stadt Suhl. Für jeden Tunnel wurde ein Alarm- und Gefahrenabwehrplan erstellt. Zusätzlich wurde der gesamte Bereich der „Kammquerung" in elf Einsatzabschnitte unterteilt und für diese Abschnitte entsprechend der jeweiligen Einsatzstufe eine Beschreibung der Fahrwege der Rettungskräfte erarbeitet. Diese Fahrwegbeschreibung bildet die Grundlage für verkehrstechnische Sonderprogramme, die vom übergeordneten Verkehrsrechner erzeugt werden und eine weiträumige Verkehrssteuerung ermöglichen (z.B. Sperrung vorgelagerter Tunnel und Zufahrten).

Perspektiven

In der heutigen Zeit ist Mobilität individuelles Bedürfnis und gesellschaftliche Notwendigkeit zugleich. Diese Mobilität wird im Besonderen durch eine leistungsfähige Infrastruktur gewährleistet. Die Autobahnen A71/A73, als Bestandteil des Transeuropäischen Straßennetzes zwischen Ostsee und Mittelmeer, werten den Freistaat Thüringen als Transitland und Verkehrsdrehscheibe auf und binden ihn besser an das internationale Verkehrsnetz an.

Die „Thüringer-Wald-Autobahn" wird eine wichtige, wenn auch nicht die einzige Autobahn in Nord-Süd-Richtung sein. Sie tritt gewissermaßen zu bereits bestehenden Nord-Süd-Autobahnen wie der A7 und der A9 zusätzlich hinzu. Hier wird es also zu einer gewissen „Arbeitsteilung" zwischen bereits bestehenden Trassen kommen, die für beherrschbare Verkehrsströme sorgen wird, wobei die Thüringer-Wald-Autobahn stärker regional geprägt ist.

Der südlich von Erfurt gelegene Teil der A71 ebenso wie die A73 erschließen den Südthüringer Raum, für den der Thüringer Wald bisher als natürliche Barriere fungierte. Diese Barriere wird mit Hilfe der A71 überwunden und die „verkehrliche Isolation" Südthüringens aufgehoben. Damit rücken nicht nur Mittel- und Südthüringen näher zusammen, die Verbindung der thüringischen Wirtschaftszentren mit Bayern und die Anbindung an das bestehende Autobahnnetz Richtung Süden und Südwesten der Bundesrepublik verbessert sich entscheidend. Durch den nördlichen Teil der A71 in Richtung Sachsen-Anhalt wird die strukturschwache Region um Artern an die Mitte des Freistaats angebunden. Zugleich wird über diese Trasse und die A 38 eine schnelle Verbindung zu den Ballungsräumen Halle/Leipzig und Kassel hergestellt.

Wirtschaftliche Impulse

Leistungsfähige Fernstraßen sind die Lebensadern für eine florierende Volkswirtschaft. Die wirtschaftliche Entwicklung eines Landes hängt seit jeher in hohem Maße von der gebotenen Verkehrsinfrastruktur ab. Mangelnde Erreichbarkeit und lange Wege sind klare Standortnachteile für die entsprechende Region. Die Thüringer Waldautobahn leistet einen großen Beitrag zum Ausbau der Thüringer Standortvorteile.

Mit Fertigstellung der A71 zwischen Erfurt und Meiningen spielen Süd- und Südwestthüringen für Investoren eine größere Rolle. Die Nachfrage von Investoren hat sich besonders aus den Bereichen Metallver- und -bearbeitung sowie der Ernährungsindustrie verstärkt. Die Gewerbegebiete entlang der A71 haben mit über 78% bereits heute den höchsten Belegungsgrad innerhalb der neuen Länder. Der Durchschnitt für Thüringen liegt bei 60%, der ostdeutsche Durchschnitt bei etwa 50%.

Die Wirkung des Autobahnbaus wird mehr und mehr spürbar. Besonders für Investoren aus Südwestdeutschland ist Südthüringen ein hochinteressanter Standort, vor allem wenn man bedenkt, dass man künftig in zweieinhalb Stunden von Stuttgart aus Meiningen erreichen kann.

Die Erschließung strukturschwacher Regionen, die Ansiedlung neuer Unternehmen und damit die Schaffung von Arbeitsplätzen, der Aufbau konkurrenzfähiger Wirtschaftszentren – dies alles kann nur mit einer leistungsfähigen Infrastruktur gelingen. Stabile Verkehrsverbindungen schaffen nicht nur Mobilität, sondern Standortqualität und Arbeitsplätze.

Tourismus

Zweifellos wird auch die Tourismusbranche insgesamt von der Thüringer Waldautobahn profitieren. Durch die Lage in der Mitte Deutschlands ist Thüringen ein beliebtes Ziel für Kurzurlauber geworden.
Gerade für dieses Klientel ist die gute Erreichbarkeit ein wichtiges Entscheidungskriterium für die Wahl des Urlaubsortes. Mit der Direktverbindung über den Thüringer Wald wird der Einzugsbereich und damit auch die Zahl der Gäste wachsen.
Wer die Klassikerstadt Weimar oder die Landeshauptstadt Erfurt besucht, kann nach nur einer guten Stunde Fahrzeit die Theaterstadt Meiningen und das Schloss Landsberg besichtigen oder auch viele andere lohnende Ziele im Thüringer Wald ins Visier nehmen. Da bieten sich direkt an der Autobahn der traditionelle Wintersportort Oberhof mit seinen zahlreichen Sportanlagen und Sportevents, die Universitäts- und Goethestadt Ilmenau oder auch die Bachstadt Arnstadt mit ihrer 1300-jährigen Geschichte geradezu an.
Auf die Jüngsten wartet der Badespaß in der Oberhofer Rennsteigtherme oder im Otilienbad in Suhl. Auch die Sandstein- und Märchenhöhle Walldorf bei Meiningen oder das Meeresaquarium in Zella-Mehlis sind erlebnisreiche Ausflugsziele.
Gute Thüringer Gastronomie sorgt für das leibliche Wohl der Gäste. Und wenn man einmal den Thüringer Wald „geschnuppert" hat und länger verweilen möchte, findet man sicher ein Hotel oder kleine Pension, wo man sich wie zu Hause fühlt.

Aber auch für Gäste mit anderen Interessen ist viel Sehens- und Erlebenswertes im Thüringer Wald näher gerückt. So laden nicht nur die Landschaftspanoramen auf der Autobahnfahrt zum Bleiben ein, auch finden die Autobahnbauwerke selbst, wie der Rennsteigtunnel und die Autobahnbrücken, reges touristisches Interesse.

Nicht zuletzt bietet der Thüringer Wald für jeden, der sich in freier Natur bewegen möchte, etwas- ob zu Fuß auf dem Rennsteig, mit dem Rad auf dem Rennsteigradweg, auf dem Wasser der Werra oder im Schnee auf den Loipen rund um Oberhof.

Verkehrsentlastung

Neben den wirtschaftlichen Vorteilen der Autobahn ist noch ein anderer Aspekt von großer Bedeutung. Inzwischen ist die Belastung auf dem Hauptstraßennetz in Südthüringen in enormen Maße angestiegen – und dies zusätzlich mit einem sehr hohen Anteil an Schwerlasttransporten. Dies lässt nicht nur die Qualität der Straßen schneller sinken, sondern führt zu ständigen Staus und steigert die Unfallzahlen. Erschwerend kommt noch hinzu, dass Lkws vor allem nachts unterwegs sind.
Die Folge: Außerordentliche Lärm- und Schadstoffbelastungen für die Anwohner und ein nicht zu kalkulierender volkswirtschaftlicher Schaden durch extreme Stauzeiten und steigende Unfallzahlen.

Die Autobahn bündelt den Verkehr und sorgt für Entlastung im nachgeordneten Straßennetz und besonders in den Ortslagen. Diese spürbare Reduzierung der Schadstoff- und Lärmemissionen und die Reduzierung der Unfallgefahr bedeuten für die Menschen eine wesentliche Verbesserung der Lebensqualität.
So werden die Bundesstraße B 247 zwischen Gotha und Zella-Mehlis um 35%, die B 88 zwischen Geschwenda und Ilmenau um 50% und die Region um Ilmenau mit der B 4 und L 1040 über Manebach, Stützerbach und Schmiedefeld nach Suhl um 30-50% vom Straßenverkehr entlastet. Davon profitieren nicht nur die Städte Suhl und Zella-Mehlis. Im Ergebnis des Autobahnbaus werden rund 1 100 Kfz/Tag weniger durch Ilmenau und rund 900 Kfz/Tag weniger durch Meiningen fahren.

Mit der Autobahn wird nicht nur eine schnellere Erreichbarkeit der Unternehmen in der Region garantiert.

Foto: Henry Trefz

Quelle:
DEGES Deutsche Einheit Fernstraßenplanung- und -bau GmbH
Bildmaterial:
DEGES Deutsche Einheit Fernstraßenplanung- und -bau GmbH

DIE THÜRINGER WALDAUTOBAHN

Eine Chronik in Wort und Bild
von Henry Trefz

Unter den Akteuren, denen Gerabergs Bürgermeister Heinz Hertwig (ganz links) zum Finale dankte, waren Hermann Woger, Kurt Rusam, Marc Binder, Thoralf Litzke und Andreas Bauer.

Editorial

Dies ist gemeinhin der Platz, an dem der Autor in das Buch einführt, erklärt, warum es so und nicht anders aussieht, sich bedankt bei jenen, die an der Entstehung dieses Buches große und kleinere Anteile hatten.
Wohlan, auch hier soll es so sein!

Als die Pläne für die Autobahn Realität zu werden begannen, hat dies naturgemäß nicht nur die Menschen in der Gegend betroffen, sondern mit ihnen auch die regionalen und überörtlichen Medien.
Von der durchaus nicht konfliktfreien Suche nach der alle Ansprüche einkalkulierenden Trassenlage, über die ersten sichtbaren Zeichen des beginnenden Baus, über die langen Monate der tatsächlichen Herstellung, bis zu dem immer ungeduldiger werdenden Hoffen auf die Fertigstellung, hat die Ilmenauer Lokalredaktion der „Thüringer Allgemeine" als Chronist eines Bauprojektes gewirkt, das über unsere aktuellen Tage hinweg das Leben der Menschen und die Gestalt der Landschaft verändert. Deren innerredaktionelle Regionalverteilung bewirkte, dass der Autor zunächst einfach nur für den Abschnitt „zuständig" wurde.
Aus anfänglich dienstlicher Obliegenheit wurde im Laufe der Jahre eine Passion. Nötiges Vertrauen zwischen Bauleuten und dem Journalisten konnte wachsen, wurde bald Partnerschaft und zum Schluss auch ein wenig Freundschaft.
Aus der Natur des Aktionsradiusses der Lokalredaktion erklärt sich deswegen auch ein spezieller Blickwinkel dieses Beitrags im Buch über die Thüringer Waldautobahn. Der Abschnitt, der im Süden des Ilm-Kreises liegt, bildet den inhaltlichen Schwerpunkt. Gleichwohl darf seine Betrachtung als exemplarisch für die Leistung der Baubeteiligten an der ganzen Thüringer Waldautobahn gelten.

Diese Strecke, alle Ingenieurbauten, alle Trassen, ja die Gesamtheit der Verkehrsprojekte Deutsche Einheit zählen zu den Spuren, die die heutige Generation ihrem Lebensraum gibt.
Eine Chronik wie diese entsteht nicht aus dem Wollen seines Autors allein. Und es ist daher nur fair, jene zu erwähnen, denen auf jeweils spezielle Weise zu verdanken ist, dass der Blick des interessierten Lesers heute auch über diese Zeilen wandert:
Hermann Woger, Thoralf Litzke, Andreas Bauer und Kurt Rusam. Ihnen Dank und Glückwunsch stellvertretend für alle Autobahnerbauer, die den Autor, der mehr als einmal auch ihre Geduld strapazierte, irgendwann als einen zu betrachten begannen, der auf ihrer Seite ist.

Dr. Bernd Knabe.
Der Leiter des Lokalen Arbeitskreises Agenda 21 im Geratal hatte ursprünglich die Idee, aus dem als Website im Internet vorliegenden Ausgangsmaterial ein Druckwerk zu machen.

Ulrich Völkel (Rhino-Verlag),
Frank Naumann (Grafik-Designer).
Beide haben mit Beharrlichkeit, Geduld und Einfühlungsvermögen dafür gesorgt, dass aus Buchstaben und Pixeln letztlich ein Buch wurde.

Thüringer Ministerium für Wirtschaft, Arbeit und Infrastruktur.
Die Unterstützung des Freistaates räumte einige Hürden aus dem Weg.

Und schließlich sei all jenen gedankt, die auf die eine oder andere Weise geholfen haben (und sei es nur durch wiederholten Verzicht auf die Anwesenheit des Autors):
Den Kollegen der Ilmenauer TA-Lokalredaktion (darunter besonders meinem fotografierenden Kollegen Reinhard Vogel und Ralf Ehrlich), Jens Richter, Cornelia Sahli, Alexander Trefz.

Die Autobahnbrücken Wilde Gera und Schwarzbachtal

Foto: Stefan Thomas

Die Autobahnbrücke Wilde Gera

Foto: Stefan Thomas

Die Autobahnbrücken Zahme Gera und Reichenbachtal

Foto: Stefan Thomas

15
300 m

Von Anfang an dabei gewesen

Nicht jede Autobahn bekommt außer ihrer Ordnungszahl auch einen Namen. Die beiden Verkehrsverbindungen von Erfurt in Richtung Bayern tragen nicht nur die Ordnungszahl 16 unter den Verkehrsprojekten Deutsche Einheit sowie die Nummern 71 und 73 als ordentliche Autobahnnummer – sie gehen auch als Thüringer Waldautobahn in die Geschichte ein, obwohl die Bundesautobahn 71 eigentlich von Bernburg (Sachsen-Anhalt) bis nach Schweinfurt (Bayern) führt.
Über ihren Bau soll dieser Abschnitt des Buches erzählen. Besonderer Schwerpunkt ist dabei jener Streckenabschnitt, der der ganzen Autobahn den Namen gab, die Querung des Thüringer Waldes.
Die Pläne für eine Überquerung des Gebirges sind alt, doch scheiterten sie an den schwierigen topografischen Bedingungen, am fehlenden Geld und während der deutschen Teilung auch am politischen Willen.
Vorstellungen aus den 40er Jahren des letzten Jahrhunderts zeigen eine direkt von Sachsen-Anhalt über Nordhausen nach Süden verlaufende Trasse, die die Autbahn A4 etwa östlich von Gotha getroffen und von dort hin zu einem Dreieck im Thüringer Wald geführt hätte. Spätere Netzkarten aus der DDR-Zeit belegen ein planerisches Umdenken. Aus ihnen geht nur noch der nordthüringische Trassenstrang als Planung hervor.
Kurz nach der deutschen Einheit – im Frühjahr 1991 – wurden die Pläne für die so genannten Verkehrsprojekte Deutsche Einheit herausgegeben, unter denen der Bau der Autobahnen A71 Erfurt - Schweinfurt und A73 Suhl - Lichtenfels gemeinsam mit der Nummer 16 benannt wurden. Die Bedeutung, die man damit diesem Projekt zuerkannte, nährte gleichzeitig die Hoffnung auf ihre schnelle Realisierung, zumal mit dem Beschleunigungsgesetz auch die Planungszeiträume von erfahrungsgemäß zehn und mehr Jahren deutlich verringerbar erschienen.
Im April 1994 waren sowohl das Raumordnungsverfahren, als auch die landesplanerische Beurteilung für die Strecke von (Sömmerda)- Erfurt - bis zur Landesgrenze Thüringen/Bayern abgeschlossen. In ihm ging es auch um eine ganze Reihe von verschiedenen Varianten der Trassenführungen gen Süden Die Linienbestimmung hat das Bundesministerium für Verkehr im Mai 1995 bestätigt.
Wichtige Initialzündung für den Baubeginn generell war der Umstand, dass die Autobahntrasse zwischen Erfurt und dem Großraum Ilmenau parallel mit der geplanten ICE-Trasse Erfurt – Nürnberg verläuft. Fast eine Ironie der Geschichte ist es daher, dass nunmehr die ICE-Trasse deutlichen Baurückstand gegenüber der Autobahn aufweist, obwohl doch deren Existenz vor allem den Baubeginn der Autobahn wesentlich voran getrieben hat.
Bis zum Jahresende 1998 dauerte es, dann wurde das erste wirkliche Stück Autobahnneubau in Thüringen nach mehr als fünf Jahrzehnten Realität. Sie hatte ihren Höhepunkt in der Verkehrfreigabe zwischen Erfurt und Traßdorf. Von nun an verkürzte sich die Fahrzeit zwischen der Landeshauptstadt und Ilmenau, der südlichen Spitze des Thüringer Technologiedreiecks Erfurt-Jena-Ilmenau, deutlich. Fast fünf weitere Jahre sollte es dauern, bis mit Suhl und Meiningen auch zwei weitere wichtige Städte in der Südhälfte Thüringens einen Autobahnanschluss Richtung Norden erhielten.
Zu den Besonderheiten des Autobahnbaus gehört, dass die Strecken nicht von einer Richtung vorgetrieben werden, sondern mit ihrem Bau an mehreren Stellen gleichzeitig begonnen wird. Dies hat technologische, auch verkehrspolitische Gründe.
Zum einen war seit den Planungen klar, dass dieser Autobahnbau ingenieurtechnisch höchste Anforderungen stellen würde. Auf 132 Brückenbauwerke – darunter 40 Großbrücken (über 100 m Länge) – und sechs Tunnel summierten sich die Herausforderungen, nachdem in einem aufwändigen Verfahren das Optimum zwischen Erschließung und Anpassung des Baus an die Umgebungsbedingungen gefunden worden war.

Juni 2000:
So endete die Autobahn auf ihrem Weg gen Süden länger, als es vielen lieb war. Der geschwungene Bogen bergan deutete immerhin schon die Zukunft an. Noch aber war hinter dem Tunnel Behringen die Behelfsabfahrt Trassdorf gleichzeitig Endstation.

Aber auch verkehrspolitisch machte der vorgezogene Bau durchaus Sinn. Beispielsweise dort, wo die Autobahn gleichzeitig als Ortsumfahrung den nach der Wende deutlich angestiegenen Straßenverkehr aus den Städten herausnahm.
Die Geschichte des Baus der A71 ist ein Beispiel für die Schwierigkeiten der Abwägung unterschiedlicher Schutzgüter. Gegen die Durchschneidung eines der letzten großen zusammen hängenden Waldgebiete Deutschlands, den Thüringer Wald, regten sich auch naturschützerische Bedenken. Sie waren Anlass, mit vielen Brücken und Tunnel die Landschaftsgestalt so unberührt wie möglich zu lassen und gleichzeitig die Kosten nicht zu vernachlässigen.
Die Entscheidung, den Kamm des Gebirges in einem Tunnel zu unterqueren, der später die Bezeichnung „Längster Autobahntunnel Deutschlands" tragen würde, hatte weniger mit der Freude an einem Superlativ, sondern viel mehr mit dem Respekt vor der Natur zu tun.

Brücken

Landmarken der Zukunft oder Offenbarungseid der Mobilitätsfetischisten? Denkmäler moderner Ingenieurstechnik oder Götzenbilder der Disharmonie mit der Natur?
Die Brücken, ganz besonders in diesem Abschnitt der neuen Autobahn, sind das nach nach außen weithin sichtbare Zeichen. Während die Tunnel ihren Zweck mit in die Deckung der Landschaft nehmen, sind sie die Beton und Stahl gewordene Herausforderung zur Auseinandersetzung mit dem generellen Sinn des Projektes. Sie sind es auch, die als erste beim Baubeginn deutliche Spuren in der Landschaft hinterließen. Doch selbst über sensible Naturräume lassen sich Brücken schlagen, ohne den Talgrund zu schädigen. Auch diese Herausforderung muss moderne Brückenbaukunst heute erfüllen. Viele unter den Tausenden von Schaulustigen, die die Baustellen an den Wochenenden bevölkerten und die zu einem bedeutenden Teil aus der Gegend kamen, in die hier eingegriffen wurde, verstehen inzwischen auch den ästhetischen Ansatz der Bauten. Nur ideologisch auf immer Gefangene können sich heute dem Eindruck von Harmonie mit der Natur beim Anblick der Talbrücke Wilde Gera entziehen. Und sie lassen den tieferen verkehrspolitischen Sinn der neuen Trasse erkennen, so bedenkens- und abwägenswert auch ihr Flächenverbrauch sein mag. Sie schneidet die Landschaft und gibt die Fracht, die sie trägt, an vielen Stellen in die umliegenden Orte frei. Sie zieht den Verkehr aus den gebeutelten Ortsdurchfahrten, entlastet so die einen und beschleunigt die anderen.

Tunnel – Getarnte Maulwürfe im Angesicht mit dem Berggeist

Von dem Werk, das die Mineure tun, kann man weniger sehen. Freilich, an den Eingängen der jeweils zwei Löcher, die sie von verschiedenen Seiten in die Berge graben, stapelt sich das Gestein in eindrucksvolle Höhen. Doch mehrmals am Tag und auch in der Nacht, wenn die Stille der umliegenden Dörfer von plötzlichem dumpfen Grollen unterbrochen wird, wissen alle, die gelernt haben, dass hier kein Gewitter im Anmarsch ist, dass die Tunnelbauer wieder ein Stück geschafft haben. Und sie hoffen gleichzeitig, dass alles nach Plan verlaufen sein möge. Dass die Mineure auch in modernen Zeiten noch Wert auf feste Bräuche legen, verwundert angesichts der Unwägbarkeiten des Berges nicht. Die heilige Barbara, Schutzpatronin der menschlichen Maulwürfe, ist mit einer jeweiligen Patin noch heute präsent. Den längsten Tunnel Deutschlands schützte in der Bauphase mit Christiane Herzog (†) die Gattin des seinerzeitigen Bundespräsidentin. Claudia Nolte, damals Bundesministerin, gab ihren Segen für den guten Willen des Berggeistes der Alten Burg. Für den 1998 fertig gestellten Behringer Tunnel zeichnete mit Gisela Dornbusch die Leiterin des Kreis-Amtes für Wirtschaftsförderung mental verantwortlich.

*Oktober 2000:
Gleich hinter der
Biegung war lange ein
Sandwall im Weg. Als
er weggebaggert war,
kam auch der Trassen-
weiterbau in Sicht.*

August 2000:
Als einer der ersten Nichtbauleute machte sich Bundeskanzler Gerhard Schröder ein Bild von den Fortschritten an der Kammquerung und durchquerte dabei auch den Alte-Burg-Tunnel. An seiner Seite: Thüringens damaliger Ministerpräsident Bernhard Vogel.

Grundlegende Neustrukturierung von Siedlungsräumen

Die Tunnel erschließen aber auch eine andere Dimension, deren Wert erst erkannt wird, wenn er schon fast zur Selbstverständlichkeit geworden ist. Zwischen Suhl, der neuerdings zwar weniger bedeutenden, aber immer noch größten Stadt der Region, und dem nördlichen Waldvorland des Ilm-Kreises entstand mit der unterirdischen Verbindung eine grundlegend neue Qualität der Siedlungsbeziehung. Der Wirtschaft und dem Handel – und natürlich den Bewohnern – stehen nun in Minuten jene Kontakte zur Verfügung, denen früher das Gebirge mit seinen überlasteten Passstraßen schlicht im Wege stand. Selbst die Entfernung zwischen der Landeshauptstadt und dem südlichen Mittelzentrum halbiert sich in der Fahrzeit.

Die Spritzbeton-Bauweise

Der Vortrieb der Untertagebauwerke geschieht nach den Grundsätzen der so genannten Neuen Österreichischen Tunnelbauweise. Bei diesem Bauverfahren ist der Vortrieb eine Aufeinanderfolge von Ausbruch (gebirgsschonendes Sprengen bzw. mechanisch) und Sicherung der Hohlräume. Unmittelbar nach dem Ausbruch erfolgt die Sicherung – je nach den angetroffenen Gebirgsverhältnissen durch eine Kombination von Spritzbeton, Ausbaubögen, Betonstahlmatten, Ankern und Spießen. Die Sicherung dient dazu, Gebirgsauflockerungen zu reduzieren und einen möglichst schnellen Kraftschluss mit dem Gebirge herzustellen. Der Hohlraum wird so stabilisiert, gleichzeitig werden die Belastungen für das endgültige Bauwerk reduziert. Binde- und Zusatzmittel sowie die Verfahrenstechnik des Spritzbetonauftrags werden so gewählt, dass eine ökologische Verträglichkeit des Spritzbetons erreicht wird. Zwischen Spritzbeton und Ortbetonschale wird ein Abdichtungssystem aus Geotextil und Kunststoffbahnen verlegt, das nachsickernde Bergwasser durch spezielle Drainagen abgeleitet. Der endgültige Ausbau besteht aus einer mindestens 35 cm dicken, überwiegend nicht bewehrten Ortbeton-Innenschale, die nach dem Abklingen der Gebirgsverformungen eingebaut wird. Die Wirksamkeit der ausgeführten Sicherungsmaßnahmen wird ständig durch ein geotechnisches Messprogramm überprüft.
(Quelle: DEGES)

Mai 2001:
Von den Flanken des Alte-Burg-Massivs gleitet der Blick über den Geschwendaer Berg bis hinüber zur langsam aus dem Talgrund wachsenden Zahme-Gera-Brücke. Rechts ist der 2,5 Meter hohe Landschaftswall zu erkennen, der auch als Lärmschutz seine Wirkung nicht verfehlt.

Mai 2001:
Eine der größeren Herausforderungen war auch, wie Einschnitte und Anschüttungen im Trassenverlauf so geplant wurden, dass sich die nötigen Transporte vermindern würden.
Dazu gehörte, dass, wo immer möglich, das Aushubmaterial unmittelbar vor Ort aufbereitet wurde.

*Mai 2001:
Auch die eine
oder andere skurril
anmutende
Baumaschine kam dem
aufmerksamen
Baubeobachter
vor die Linse.*

September 2001: Die weit vor der Fahrbahn entstandenen Bauwerke machten wie hier an der Anschlussstelle Ilmenau-West einen bisweilen seltsamen Eindruck.

September 2001: Nur gut ein Jahr vor der Freigabe zwischen Ilmenau-West und Ost war beim Anblick der Erdbauarbeiten kaum vorstellbar, dass hier einmal eine schnurgerade Autobahn entlang führen würde.

September 2001: Richtung Westen wiesen um diese Zeit nach der Altwipfergrundbrücke noch keine Autoscheinwerfer, aber immerhin schon einmal dieses Schauglas eines Vermessungsinstrumentes.

November 2001:
Nur wenige Wochen
vor der Freigabe des
Autobahnabschnittes
zwischen Trassdorf und
Ilmenau-Ost war das
Schild Symbol für
Ungeduld und
Hoffnung in einem.

November 2001: Was hier wenige Tage vor der Freigabe die Trasse im Nebel zu versperren scheint, ist eine zu diesem Zeitpunkt noch nicht fertig gestellte Wildbrücke, die mit viel Aufwand den ungehinderten Wildwechsel ermöglichen soll.

November 2001: So wird inzwischen hoffentlich kein Auto mehr die Strecke Richtung Behringer Tunnel fahren. Kurz vor der Freigabe durfte es nur der Wagen des Bauleiters zur Pressefahrt.

November 2001: Traditionell demonstrieren die Bundesfarben auf dem durchzuschneidenden Band die Bedeutung einer Autobahn. Dank eines Fotografenkollegen tun sie dies auch sehr dekorativ.

Im Gleichschnitt marsch! Um die Stücke jener Bänder, die wie hier bei der Freigabe des Abschnitts zwischen Trassdorf und Ilmenau-Ost von politischer Prominenz aller Ebenen durchschnitten wurden, entbrennt anschließend das Rennen der Souvenierjäger.

November 2001: Mobile Bühnen werden bei den Eröffnungsfeierlichkeiten gern verwendet. Leider lagen die meisten früheren in der kalten Jahreszeit, so dass für ausgelassenere Volksfeste oft kaum Voraussetzungen da waren.

November 2001: Streitfall Ausfahrtsnamen. Immer wenn es um sie geht, wissen die Bauleute: Jetzt ist es bis zur Einweihung nicht mehr weit hin. Um solch „wichtige“ Dinge kümmert sich gern der Ilmenauer Landtagsabgeordnete Siegfried Jaschke. An dieser inoffiziellen „Protest-Tafel“ des Wolfsberger Bürgermeisters Georg Juchheim hatte er allerdings keinen Anteil.

*Juni 2003:
An der Reichenbachtal-
brücke aus Richtung
Osten ist wenige Tage
vor der Freigabe noch
jede Menge Feinschliff
zu erledigen.*

Juli 2003:
Minuten nur noch, dann wird sich von der dicken Eiche her der frei gegebene Verkehr über die Reichenbachtalbrücke Richtung Tunnelkette ergießen.

Juli 2003: Dass die Strecke am 7. Juli 2003 mit eineinhalb Stunden Verspätung frei gegeben wurde, lag an einem mysteriösen Sprengstoffrückstand-Fund an einem der Tunnelportale. Das Servicepersonal nutzte die unverhoffte Gelegenheit, um gleich noch diese Tempolimite zu befestigen. Sie dienen einem wissenschaftlichen Versuch im Inneren der Reichenbachtalbrücke.

*August 2003:
Schweres Los für die
kleineren Brücken.
Angesichts der
Häufung von Groß-
bauwerken stehen
solche Überführungen
des Straßenkörpers wie
diese zwischen den
Brücken Reichenbach
und Zahme Gera
am Rande der
Aufmerksamkeit.*

Der grosse Tag der Thüringer

Die Eröffnung des letzten Teilstücks am 5. Juli 2003 und ihre Vorläufer

Vor dem Anfang soll ausnahmsweise das Finale stehen: Am 5. Juli 2003 – es fand hier schon mehrfach Erwähnung – feierten die Thüringer. Und mit ihnen tausende im ganzen Land und darüber hinaus, die sich über künftig kürzere Fahrzeiten freuten, die ihren Respekt vor einer hierzulande bisher nicht da gewesenen Bauleistung zollen oder auch jene, die einfach nur die spektakuläre Inbetriebnahme eines Superlativs nicht verpassen wollten. Es war die erste, aber die wichtigste Feier zur Verkehrsfreigabe.

Schon im Dezember 1998 begann mit der Fertigstellung des Abschnitts zwischen Erfurt-Bindersleben und der später wieder zurückgebauten Behelfsabfahrt Trassdorf ein neues Zeitalter. Die Technologieregion Ilmenau hatte endlich Anschluss an das Autobahnnetz in Deutschland gefunden. Groß war die Hoffnung, dass auch die folgenden Teilstücke so schnell gebaut werden könnten wie das erste. Nicht immer haben sich diese auch so erfüllt.

Drei Jahre immerhin – bis zum November 2001 – sollte es dauern, ehe zwischen Traßdorf und Ilmenau-Ost der Verkehr rollen konnte. Auch der zweite Vertreter der Tunnelkette, der Hochwald-Tunnel, übernahm in diesen Tagen seine Funktion als Ortsumgehung von Zella-Mehlis.

Und fast ein Weihnachtsgeschenk wurde im Jahr darauf am 20. Dezember 2002 der nächste Teilabschnitt. Sein Augenmerk lag im Süden des Gebirgskamms. In einem Rutsch ging es nun von Suhl durch den Tunnel Berg Bock bis fast vor die Tore Meiningens. In dessen Bedeutung ging fast die Freigabe von Ilmenau-West bis Ilmenau-Ost unter.

So löblich auch die Freigabe der fertigen Teilabschnitte war – noch immer war die Barriere des Gebirgskammes nicht überwunden. Der Rennsteigtunnel als Kernstück der Kammquerung kam gut voran, die Bauleute hatten nie ein Hehl daraus gemacht, wie sie die Zahl 2002/2003 auf den Baustellenschildern zu interpretieren gedachten. Doch die vorfreudige Ungeduld der Öffentlichkeit wurde mit jedem Monat größer.

Die Herausforderung des Rennsteigtunnelbaus aber ließ keinen Platz für Voreiligkeiten, so sehr sie auch von allen Seiten gewünscht wurden. Eine Konzession immerhin machten die Verantwortlichen. Die Organisatoren des traditionsreichen Rennsteiglaufs hatten die Idee, einmalig nicht auf dem berühmten Wanderpfad des Thüringer Waldes selbst zu laufen, sondern unter ihm hinweg. Am 30. März 2003 fand der Tunnellauf statt, bei dem zumindest die Sportler schon einmal Gelegenheit zu einer beeindruckenden Innenansicht erhielten.

Anfang 2003 waren die beiden Röhren des Rennsteigtunnels bauseitig fertig gestellt, doch noch mussten diverse Sicherheitstests und Erprobungen absolviert werden, bevor im Juli zuerst die Fußgänger gehen und die Radfahrer radeln – und zwei Tage später auch die Autos rollen durften.

Hunderttausende feierten ihre Autobahn mit vielen Volksfesten entlang der Strecke, ertrugen geduldig die sich wegen der offiziellen Reden verzögernde Freigabe und sahen ihr Heimatgebirge an diesem Tage zum ersten Male aus einer ganz anderen Perspektive.

Mit dem Feuerwerk am Abend eines Tages, der einen Meilenstein für Thüringen setzte, wurde so auch ein Zeichen für die Erinnerung gesetzt.

Am Portal des Tunnels Alte Burg hatte die Gemeinde Geschwenda ihre Weise gefunden, den Freigabetag feierlich zu begehen. Bier, Bratwurst, Blasmusik und dazu eine Bundesautobahn – an diesem Tag waren viele einfach glücklich.

Dieser vergleichsweise freie Blick südwestwärts auf die Tunnelstrecke sollte bald einem massiven Andrang von Radfahrern und Fußgängern weichen.

Eher zur Dekoration waren die Zeichen des permanenten Tempolimits zwischen den beiden Tunnel gedacht. An diesem Tag war Schritttempo für alle die freiwillig eingehaltene Regel.

Viel Geduld mussten die Frühen unter den Eröffnungsgästen mitbringen. Wegen des Kanzlers Hubschrauberlandung blieb ihnen der ersehnte Weg durch Deutschlands längsten Autobahntunnel noch gut eine Stunde verwehrt.

Ob zu Fuß oder auf zwei Rädern – das Gefühl, einem wirklich wichtigen Tag beizuwohnen, war von vielen Gesichtern abzulesen.

Während sonst bei staunenden Anhaltern im Tunnel sofort Alarm geschlagen würde, blieb am Eröffnungstag der interessierte Zuschauer eine willkommene Spezies – selbst wenn sie es so eilig hatten wie heuer mancher Automobilist.

Vom Wall neben der Autobahn gleitet der Blick über das Trassenstück am Geschwendaer Berg. Wanderern und Radfahrern blieb die Südspur überlassen, während auf der anderen Seite eine Sonderbuslinie vom Start zum Ziel eingerichtet wurde.

Wo wenige Tage zuvor noch die Baufahrzeuge dominierten, nahm nun der Eröffnungstrubel die Brücke über das Reichenbachtal in Besitz.

„Auf dem Ritter" – so nennt sich der Landstrich oberhalb Gerabergs. Und aus dem Häuschen waren bei der zweiten der beiden Großfeiern im Geratal dessen Besucher.

ALTWIPFER-GRUND

Bau mit strengem Naturschutz-Gebot

Die mit „nur" 279 Metern kürzeste der neuen Autobahnbrücken im Ilm-Kreis über den Altwipfergrund ist zugleich eine der kompliziertesten. Dies liegt nicht nur an den konstruktiven Details – die Brücke liegt auch in einem sehr sensiblen Naturraum.
Das hatte weit reichende Konsequenzen sowohl für die Bauphase als auch für den Betrieb. Um diese ist im Planfeststellungsverfahren intensiv gerungen worden, was dasselbe deswegen auch ein wenig verlängert hat. Das Ergebnis: Der eigentliche Talgrund ist für die Bauarbeiten tabu. Er darf nicht betreten werden. Und nicht nur das: Für die Zukunft muss zwingend sicher gestellt sein, dass weder Salze noch Abwässer vom Straßenkörper in den Talgrund gelangen.
Nur wenige Meter südlich der Anschlussstelle Ilmenau-Ost durchquert die Trasse einen sandigen Einschnitt nordöstlich von Ilmenau. Und am Ende dieses Einschnitts senkt sich das Asphaltband herab, schwingt über den Altwipfergrund und eröffnet dabei einen der eher selten möglichen Blicke auf die (industrielle) Seite der Universitätsstadt Ilmenau.
Die beiden parallelen Fahrbahnen verbergen – wie die meisten Brücken an der Thüringer Waldautobahn – eine technologische Besonderheit: Sie wurde in einer innovativen Bauart geplant. „Spannbeton mit Trapezblechstegen unter Verwendung externer Vorspannung". So profan nennen es die Technologen. Ein Pilotprojekt in Deutschland!
Nur wer die inzwischen meist zurückgebauten Baustraßen in die Talflanken nahm, konnte von hier die Herausforderung erkennen. Nicht wie gewöhnlich von den Seiten wurden die Stahlkästen, die zum Schluss die Fahrbahn tragen, aufgelegt und über den Grund geschoben. Von den Pfeilern selbst wuchsen die Auflieger in 27 Metern Höhe aufeinander zu und beim Anblick der scheinbar frei ausbalancierten Kolosse wurde manchem Betrachter flau im Magen. Aufgehängt an den Pylonen schwebten die Baubühnen, um die vorgeschriebene Ferne zum Baugrund zu halten.

Neuland in der Technik erschwerte die ohnehin engen Terminketten. Denn nur wenige Firmen haben Maschinen, die gut daumendickes Blech in vorgeschriebenen Falze biegen können.

Oktober 2000:
Der Einschnitt kurz hinter Ilmenau-Ost öffnet dem Südreisenden erstmals den Blick auf Ilmenau. Damit man ihn weiter genießen kann, entstand kurz dahinter die Altwipfergrundbrücke.

*Juni 2000:
Die mit „nur"
279 Metern Länge
kürzeste der neuen
Autobahnbrücke im
Ilm-Kreis – die über den
Altwipfergrund – ist
zugleich eine der
kompliziertesten. Dies
liegt nicht nur an den
konstruktiven Details.*

*Januar 2001:
Eine Altwipfergrund-Besonderheit ist hier schon zu erkennen: Auf den Pfeilerköpfen wird zunächst eine „Gabel" aus Beton aufgesetzt, in die später die Kernstücke der Verbundauflieger eingesetzt werden.*

Mai 2001:
Mit den Brücken ist das wie mit manch seltenen Orchideen. Diese besondere Sinnhaftigkeit gilt gerade für die unter Talbetret-Verbot zu bauende Altwipfergrundbrücke. Weil sie unter Ausschluss der „fahrenden" Öffentlichkeit gebaut wird, bemerkt man auch seltener etwas von ihrer erstaunlichen Metamorphose. Spektakulär frei schwingend geht von den Brückenpfeilern aus der Weg zu den beiden Widerlagern.

*Mai 2001:
Für den Laien schwer zu glauben, für den Fachmann einfach eine Frage der Technik: Fast frei balancierend wachsen die Träger über den Abgrund.*

*Mai 2001:
Von unten wirkt
der Anblick der auf
einander zielenden
Metallteile nicht
weniger spektakulär.*

September 2001:
Der erste Balanceakt ist Geschichte, die spektakuläre Aktion des Ein-Pfeiler-Balancierens war erfolgreich. Inzwischen hat der Brückenkörper seine Fahrbahnplatte und ist provisorisch bereits befahrbahr.

*Mai 2002:
Der zwischendurch
etwas ins Stocken
geratene Fortschritt
des Überbaus der
Nordbrücke ist
nun wieder besser
erkennbar.*

Mai 2002:
Zwischen Politik und Baukunst werden sie viel zu oft vergessen: Ohne die Monteure nämlich säßen wir letztlich alle vor weißem Papier oder leerem Bildschirm.

*Juli 2002:
29 Millimeter starkes Stahlblech falten – diese Aufgabe beherrscht selbst unter Spezialisten nicht jeder. Und für jene, die es tun, war es bisweilen langwieriger zu bewerkstelligen, als sie es selbst vermuteten.*

Juli 2002:
Nicht immer wirkt ein Baufeld für den Außenstehenden so, als sei wirklich System im Bauablauf. Fertige Brücken beweisen, dass es irgendwie doch so gewesen sein muss.

November 2003:
Einer von vielen Blicken entlang der Trasse, die dem Autofahrer entgehen:
Vom Widerlager betrachtet ergibt sich der eigene ästhetische Reiz der Brücke.

November 2003:
An all die Mühen der Bauphase erinnert aus dieser Perspektive nicht mehr viel. Und der Anblick von hier ist wie vordem zumeist den Wanderern vorbehalten.

November 2003: Wer unter dem Brückenkörper steht, kann von hier nicht nur die komplexe Konstruktion, sondern auch die Verwendung verschiedener Grundbaustoffe erkennen.

Streichgrund

Graue Maus
gen Heyda

So geht es einer für sich genommen durchaus imposanten Brücke, wenn sie sich mit lauter Superlativen in der Nachbarschaft messen muss: Nur die Chronisten nahmen sie intensiver wahr, und dann eigentlich auch nur der Vollständigkeit halber. Doch auf den kommenden Seiten wird belegt, dass sie die stiefmütterliche Behandlung eigentlich nicht verdient hat.
Streichgrund heißt die Talbrücke über das gleichnamige Tal mit 450 Metern Länge. Die über acht Felder durchlaufenden Überbauten sind als Verbundkonstruktion mit trapezförmigem Hohlkasten und einer Bauhöhe von 2,50 Metern in der Mitte des Hauptfeldes und vier Metern im Auflagerbereich ausgebildet.
Auch ihr ist aus der Autofahrerperspektive nicht anzusehen, welche Anforderungen ihr Bau stellte. Wenngleich sie im Gegensatz zur Altwipfergrundbrücke, die abseits öffentlicher Straßen entstand, immerhin die innerstädtische Verbindung zwischen Ilmenau und dem Ortsteil Heyda überquert, stand ihr Bau weniger im Blickpunkt der öffentlichen Wahrnehmung, als der ihrer Nachbarn. Nur ab und an eine öffentliche Mitteilung, dass die Straße darunter für die Anlieferung von Brückenteilen gesperrt werden müsse.
Nicht immer war dies dann auch der Fall. Einmal aber machte die Brücke doch spektakuläre Schlagzeilen, als von oben herab ein Autokran kopfüber in die Tiefe stürzte. Zum Glück blieb es beim Totalschaden des Fahrzeuges, weil der Fahrer rechtzeitig abspringen konnte.

Juni 2000:
Wie an jeder Brücke waren es auch im Streichgrund zunächst die Pfeiler, die wie Knospen aus der Erde wachsend den Baufortschritt anzeigten.

Oktober 2000:
Im Streichgrund wurde weniger mit Vorschubtechnik, sondern mehr mit vorgefertigten Elementen gearbeitet. Und so waren die Kranarme auch Symbole für ein wieder einmal geglücktes Stück Autobahntrasse.

Oktober 2000:
Die geringe Höhe über dem Tal ermöglichte es, einzelne Elemente vom Boden aus abzustützen.

Oktober 2000: Die stählernen Unterkästen dokumentieren auch im Streichgrund ein oft gewähltes, grundsätzlliches Brückenkonstruktionsprinzip. Auffällig ist im Streichgrund die im Vergleich zu den Nachbarn geringe Höhe über dem Tal.

*Mai 2001:
Eine solche Stahlwanne nimmt im Falle der Streichgrundbrücke eine der beiden Richtungsfahrbahnen auf.*

September 2001: Eine der beiden Fahrbahnen war provisorisch schon in diesem Monat befahrbar. Eine große Erleichterung für die Bauarbeiten selbst. Für allzu neugierige Zaungäste allerdings brauchte es schon ab und an diese Warnhinweise.

*September 2001:
Auch auf vergleichsweise niedrigen
Brücken kann einem
schon mal schwindlig
werden.
Also nur nicht wackeln.
Hier geht es nicht tiefer
als „gerade mal"
27 Meter.*

November 2001: Unterhalb des östlichen Widerlagers bot sich dieser interessante Vergleich zwischen der Brücke im fertigen und ihrer Schwester im Bauzustand. Nur wenig schien da noch an einer fertigen Bücke zu fehlen.

*Februar 2002:
Eine Sicht aus der Mitte: Auf etwa halbem Weg zwischen den Brücken Altwipfergrund und Streichgrund bot sich der Blick gen Westen. Und er fiel auch auf die ersten Streckenbauarbeiten.*

*Mai 2002:
Wo in diesen Tagen
alles ein wenig drunter
und drüber ging,
sollte bald nichts mehr
herumliegen, was den
Verkehrsfluss hindert.
Das zumindest war die
optimistische Annahme
dieses Frühlings.*

*November 2003:
Auch am Streich-
grund, wo sich die
Brücke hinsichtlich
ihrer optischen
Dominanz stark
zurücknimmt,
sind interessante
Schrägblicke
möglich.*

Reichenbach-
Tal

Öffentliches Mitfiebern auf genau einem Kilometer

Welche Baukategorie man auch betrachtet, die Reichenbachtalbrücke ist in allem gut platziert. In einer aber ist sie unbestrittener Meister: Keine andere Brücke stand durch ihre natürliche Lage so stark unter öffentlicher „Aufsicht". Auf genau 1000 Metern Länge (16 Meter waren es in einem ursprünglichen Planentwurf mehr) überquert das Bauwerk nicht nur das weite offene Tal des Reichenbachs im welligen Mittelgebirgsvorland zwischen Martinroda und Geraberg mit dessen Ortsverbindung, sondern auch die stark befahrene Bundesstraße 4 und außerdem die Bahnstrecke Erfurt – Ilmenau.

Von diesen Verkehrsadern aus wurde die von vielen Plätzen aus gut einsehbare Brücke beinahe in jedem Meter Baufortschritt wahrgenommen. Zur Jahrtausendwende begann das Baufeld Gestalt anzunehmen. Zunächst wuchsen die insgesamt 13 Pfeiler mehr oder weniger nacheinander aus dem an manchen Stellen recht anspruchsvollen Baugrund. Aus der am Westwiderlager angelegten Baracke der Bauoberleitung für den Abschnitt zeichnete eine Webcam mit einem Bild je Stunde den insgesamt dreieinhalbjährigen Entstehungsprozess auf. Und nur böse Zungen behaupten, es sei Vorsicht der Überwacher gewesen, die sie nicht selten immer dann ausfallen ließ, wenn es wirklich spannend wurde. Und von diesen Momenten hatte die Brücke reichlich: technische – aber auch menschliche. Eine der Geschichten, die dies belegen, sei hier erzählt.

Der Weihnachtsbaum-Wettstreit

Die Erbauer der beiden Brücken in der Geratalregion (Reichenbachtal und Zahme Gera) wetteiferten nicht nur um den Titel „Freundlichstes Bauteam" miteinander, sondern traten jüngst – vom Autor und Udo Lämmer, dem umtriebigen Bürgermeister von Angelroda nicht unmaßgeblich angestachelt – in einen Wettstreit der besonderen Art. Ein Brückenbesuch Anfang Dezember 2000 brachte die Idee, auf einen der Pfeiler (von immerhin 50 Metern Höhe) einen Weihnachtsbaum zu setzen.

Dezember 1999: Unspektakulär begann kurz vor der Jahreswende die Baufeldeinrichtung.

Egal wie hoch er sei, er werde in jedem Fall der mit seiner Spitze am höchsten über Grund stehende – mindestens in Thüringen – sein. Warum dann also nicht gleich den Ilmenauer Oberbürgermeister Gerd-Michael Seeber zum Besuch an die Brücke locken, ihn das Knöpfchen drücken und damit die Höhe des Baumes vor dem Ilmenauer Rathaus in den Schatten stellen lassen? Für solche Späße sind die Gerataler immer zu haben. Eine Woche später machte also der OB gute Miene zum bösen Spiel und ergänzte zweideutig relativierend: „So einen Riesenständer hat keiner weiter in der Technologieregion Ilmenau."

Das aber ließ die Nachbarn an der Zahmen Gera nicht ruhen. Ihre Pfeiler werden einmal genauso hoch. Das hätte man lösen können. Sie sind aber alleweil noch kräftig im Bau, bis auf den westlichsten Pfeiler an der Nordbrücke. Der ist zwar nicht ganz so hoch wie im Reichenbachtal, zugegeben, doch – er leuchtet bei Nacht! Leider im gleißenden Flutlicht der Bauscheinwerfer nicht so hell wie erwartet, aber immerhin: Gut gekontert!

Dass es länger als erwartet bei Bildern der Pfeiler (noch ohne ihren Überbau) blieb, hatte seine Ursache in einem säumigen italienischen Stahlbaubetrieb. Der setzte mit eigenen Ansichten über Termintreue nicht nur den eigentlichen Brückenbau, sondern auch das Erdmassen-Deponiekonzept der ganzen Trasse reichlich unter Druck. Während man ersterem mit der zusätzlichen Anlage einer Baustraße durch das Tal beizukommen versuchte, wurde es beim Überbau irgendwann ernst. Nach dem Wechsel des Stahlbaubetriebes wurden die Einzelsegmente mit Hochdruck in anderen Stahlwerken produziert und an den beiden Widerlagern fertig montiert.
Im Juli 2001 war es soweit. Von den beiden Brückenwiderlagern aus schoben sich die ersten Segmente ins Tal. Bis zum Herbst waren sie von beiden Seiten soweit es ging vorwärts getrieben. Für die fünf größten Segmente aber musste ein anderes Verfahren her. Sie wurden jeweils am Boden montiert und danach unter großer Anteilnahme hunderter Schaulustiger etwa im Monatsabstand in die Höhe von fast 60 Meter gehievt. Anfang April war das letzte von ihnen nach jeweils etwa 10- bis 12-stündiger „Himmelfahrt" oben angekommen. Dem Bau der Fahrbahnplatte stand nun nichts mehr im Wege. Trotzdem sollte es noch bis zum Sommer 2003 dauern, bis der Fertigstellung im Frühjahr auch die Verkehrsfreigabe folgte.

August 2000:
Mit den erntereifen Halmen auf den Feldern im Reichenbachtal nebenan hatten sich auch die Brückenpfeiler nacheinander in respektable Höhen erhoben.

März 2000: Nicht alle Tage sind beim Autobahnbau glückliche Tage. An einem stürzte plötzlich dieser Kran um. Zum Glück blieb der Fahrer bis auf Schrammen unverletzt.

November 2000: Ein Mann und ein Pfeiler: Auch Bürgermeister aus Nachbarorten kamen zum Schauen ins Reichenbachtal.

November 2000: Trotz Baustelleneinerlei auf Montage fern der Heimat: Die Monteure bewiesen gelegentlich einen ganz ausgeprägten Sinn fürs Heimelige und verhalfen dem Geratal zum weithin höchsten Weihnachtsbaum auf einem 60 Meter aufragenden Brückenpfeiler.

*Mai 2001:
Lang ersehnt und endlich begonnen – der stählerne Überbau an der Reichenbachbrücke. Bis zum Herbst sollen die Schiebungen bis zur Mitte abgeschlossen werden, dann kommen die fünf Mittelstücke. Der Fertigstellungstermin lautete damals noch immer: November 2002.*

*Juli 2001:
Freitag, der 13. Juli – die Bauleute bewiesen Mut zum Risiko, keinen Respekt vor dem Aberglaube und begannen mit dem Vorschub. Bis zum zweiten Pfeiler wollte man am Folgetage gekommen sein. Hunderte Schaulustige verfolgten den Vorgang von den vielen Aussichtspunkten aus.*

Oktober 2001: Die üblichen Attraktionen machten bei einer Feier zum Tag der Deutschen Einheit die einfache Brückenbesichtigung zum Fest.

Dezember 2001:
Der erste aus einer ganzen Serien von Brückenhüben. Und wer innen im Pfeiler hinauf kletterte, konnte den Fachleuten bei der Pfeilerkopfjustierung zuschauen.

Dezember 2001:
Nur schemenhaft zeichnet sich hinter dem stählernen Grundaufbau eines Pfeilers das gegenüberliegende Ende des Hubstückabstands ab.

*Dezember 2001:
Bis in die tiefe Nacht
dauerte (nicht nur)
der erste
Brückensegmethub.
Die Freunde der Brücke
aber hielten mit den
Bauleuten die Stellung.*

Dezember 2001: Am frühen Abend des Monatssiebten (17.20 Uhr) hatte der Koloss um die 80 Prozent der ingesamt etwa 55 Meter Hubhöhe geschafft.

*Juli 2001:
Nicht nur Wege werden von den Autobahnbrücken verkürzt. Perspektiven kommen über dem gedrängten Kilometer ebenfalls durcheinander.*

*Februar 2002:
Bilderbuchwetter – und diesmal gab es nach mehreren vom Winde verwehten Versuchen endlich denselben unterm Limit. Um 11 Uhr hängt das Einschubteil schon etwa auf der Mitte des Weges.*

Februar 2002: Besonders jene Hübe, die am Wochenende starteten, waren gut besucht und beobachtet, obwohl sich das Brückenteil kaum schneller als ein Minutenzeiger bewegte.

Februar 2002: Unscheinbar sind im Strebenwirrwarr jene eher kleinen grünen Winden zu erkennen, die das mehrere hundert Tonnen schwere Hubstück nach oben bugsieren.

Feburar 2002:
Die Zwangspause bis zum zweiten Brückenhub blieb nicht ungenutzt. Inzwischen warteten schon die nächsten vormontierten Kolosse, von denen einer 105 Meter Pfeilerabstand überbrücken sollte. Bis dieser abhob, konnte er sich nützlich machen. Er bildete das Gegengewicht für den Hubteil, der vor ihm im Mittelpunkt stand.

April 2002: Finale überm dunstigen Reichenbachtal. Das letzte Hubstück steht bevor. Auch von der Bauaufsichtsbaracke im Hintergrund hatte man das Geschehen jederzeit gut im Blick.

*November 2001:
Nicht an jedem Hubtag
war die Sicht wirklich
erstklassig.*

*Februar 2002:
Mit den Einhub der
Brückensegmente war
die Arbeit natürlich
noch nicht getan.
Parallel begann auf
den vorbereiteten
Brückenteilen bereits
der Bau der
Fahrbahnplatte.*

Februar 2002:
Der Gang für die Inspektoren. Von hier wird bei den künftig regelmäßigen Hauptprüfungen der Blick der Kontrolleure schweifen. An seinem Auf und Ab ist auch die innere Wölbung des Metallunterbaus zu erkennen.

Februar 2002:
Nur „unscheinbare"
Instrumentarien
belegen, welch
gewaltige Masse an
den 84 Seilen bei den
Brückenhüben nach
oben wandert.

*Februar 2002:
Auf den Stiftreigen,
die die Metallträger
krönten, sollte sich
kurze Zeit später der
Beton der Fahrbahn-
platte fest mit dem
Unterbau verbinden.*

*März 2002:
Einen luftigen
Arbeitsplatz hatten die
Hubspezialisten auf
den ingesamt vier
Windenplätzen hoch
oben überm Tal.*

*März 2002:
Wie schon öfter
fällt auch hier die
Vorstellung schwer,
dass in all dem
scheinbaren
Durcheinander
System stecken könnte.*

April 2002:
Der Tag, an dem die beiden Seiten Kontakt aufnahmen. Zügig ging es schon am Morgen voran, gegen Mittag blieb noch ein fast zu vernachlässigender Schritt. Und auch an diesem Tag wurde die Verkehrsfreigabe Ende 2002 noch nicht in Zweifel gestellt.

Juli 2002:
Die großen Tage der Brückenhübe sind vorbei. Inzwischen wurde nach einem speziellen, nach statischen Gesichtspunkten aufgestellten Plan an verschiedenen Stellen segmentweise mit dem Fahrbahnplattenbau begonnen.

Zahme Gera

Trossengesicherter Drahtseilakt für ein sechsfaches Ypsilon

Mit 520 Metern Länge und immerhin 65 Metern maximaler Höhe über dem Grund scheint die Talbrücke Zahme Gera auf den ersten Blick mit einigen Superlativen ihrer Geschwister nicht mithalten zu können. Sie ist nur gut halb so lang wie ihre unmittelbare Nachbarin, die Reichenbachtalbrücke, und deutlich niedriger als die zwar gleich lange, aber deutlich höhere und in ihrer Konstruktion herausragende Namensvetterin im Tal der Wilden Gera. Und doch kann – wir ahnen es bereits – auch diese Brücke mit einer Besonderheit aufwarten. Mit nur drei Unterstützungen nämlich überquert sie das relativ abrupt eingeschnittene Tal der Zahmen Gera am Ortsausgang von Geraberg. Zum Vergleich: Die Reichenbachtal-Brücke überwindet eine knapp doppelt so lange Strecke mit immerhin mehr als der vierfachen Zahl von Pfeilern, nämlich dreizehn. Um die trotzdem immensen Lasten abzutragen, sind die Pfeiler in einer Ypsilon-Form ausgebildet. Die Brücke wird damit nicht nur das Tal optisch dominieren, sondern sich im Konzert der vielen Bauwerke an der Thüringer Waldautobahn mit einer wiederum markanten Form abheben. Ihr Bau begann im Sommer 1999 unter merkwürdigem Desinteresse sowohl der höheren als auch der hiesigen politischen Klasse. Bei einem offiziellen Termin zum Baubeginn des gesamten Abschnittes traf man sich nur im Reichenbachtal.
Zwar überquert diese Brücke nicht mehr so viele Straßen und Gleise wie ihre Schwester, dafür führt ihr Boden so nahe am Geratalverwaltungszentrum Geraberg vorbei, dass viele von dessen Bewohnern den Bau gewissermaßen vom Wohnzimmersofa aus verfolgen konnten.

An die zunächst wie Knospen auf dem Boden wachsenden Pfeiler hatte sich das geübte Auge des Autobahnbaubeobachters bereits gewöhnt, doch offenbarten sich hier – um im Bilde zu bleiben – nach einigen Metern die ersten Seitentriebe. Frei ragten die Spitzen mit der unverkennbaren Form nacheinander und bald paarweise in den Himmel.

Als die ersten Pfeilern ihr Dach bekamen und der Fahrbahnunterbau von den Pfeilern aus in beide Richtungen wuchs, kamen die Zuschauer aus dem Staunen nicht mehr heraus.
Winkel und Radien in allen drei Dimensionen machten den Bau besonders anspruchsvoll, denn Autobahntrassenplaner lassen sich von einer Brücke heutzutage nicht mehr vom Schwung ihrer Trassenlinie abhalten. So führt die Brücke westwärts betrachtet nicht nur in einer Steigung auf den Geschwendaer Berg, sondern beschreibt dabei auch einen leichten Linksbogen, was wiederum eine Überhöhung der rechten Fahrbahnseite bedingt. Unbestechliche Lasermessung ließ auch dann die Brücke nicht aus dem Lot geraten, als ihre Einzelpfeiler beinahe mit der gesamten Last frei im Gelände standen und von dicken Trossenseilpaaren in der Waage gehalten wurden.
Inzwischen ist die Brücke fertig und ihr gebührt nach subjektiver Meinung des Autors knapp vor ihrer ungleich bekannteren Schwester über die Wilde Gera der schwer zu entscheidende Preis der Schönsten unter den Waldautobahnbrücken.

Bundesrepublik Deutschland
Land Thüringen
Verkehrsprojekt Deutsche Einheit
16
A71 Ilmenau-Ost (B87) - Geschwenda (B88)
Neubau der Talbrücke Zahme Gera
Fertigstellung: Sommer 2002
Projektdurchführung:
DEGES
Deutsche Einheit Fernstraßenplanungs-und-bau GmbH

Oktober 2000: Das Jahr über stiegen die Pfeiler im Tal der Zahmen Gera noch auf altbekannte Weise aus dem Boden. Doch offenbarte sich auch die Besonderheit der Ypsilon-Pfeiler bald dort, wo sie am weitesten fortgeschritten waren.

November 2000: Das relativ abrupt eingeschnittene Tal der Zahmen Gera macht einen guten Überblick auf die einzelnen Bauphasen der Pfeilerkonstruktion möglich. Während auf der Ostseite schon die waagerechte Konstruktion beginnt, sind weiter westwärts noch die Stümpfe im Bau.

November 2000: Im sterbenden Herbstlicht schien der erste der sechs Y-Pfeiler die (Überbau-)Schwingen gen Westen auszubreiten, der untergehenden Sonne entgegen. Und offenbarte so erstmals die Dimensionen des Überbaus, der zu den schönsten Hoffnungen für Fotomotive Anlass gab.

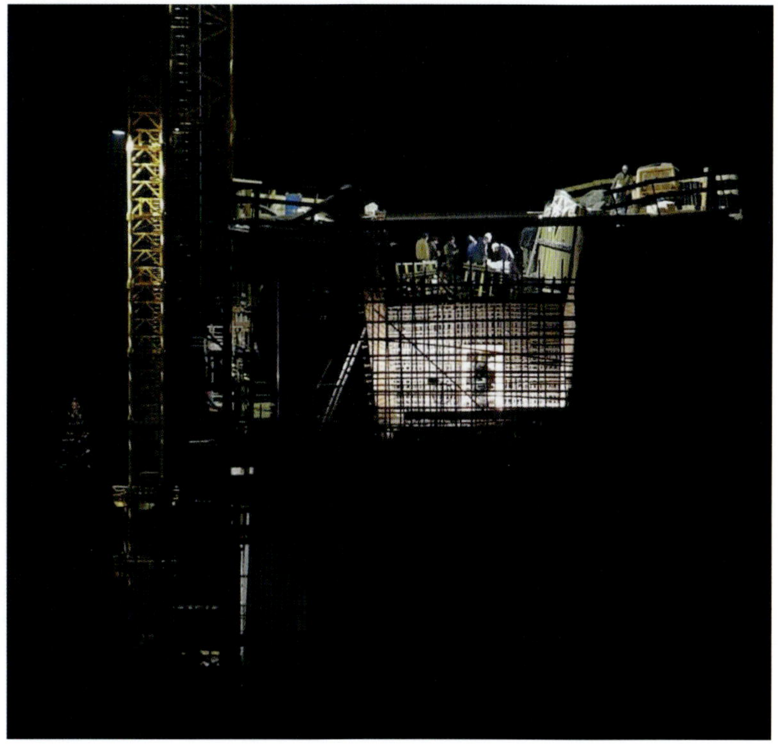

Dezember 2000: Auch wenn es gelegentlich lustige Wettbewerbe um Weihnachtsbäume auf Brückenpfeilern gab, die im Bauscheinwerferlicht leuchtenden Pfeiler selbst waren gelegentlich ebenso inspirierende Symbole.

Dezember 2000: Drei Tage vor dem Weihnachtsfest war nicht nur unten im Tale der Vorfest-Stress ausgebrochen. Auch auf der Brücke wollten die Monteure noch einige Pflöcke vor der Jahreswende einschlagen.

Dezember 2000: Wo die Kameratechnik an ihre Lichtgrenzen kommt, ist vorstellbar, dass trotz Scheinwerfern auch die Bautrupps derselben ihrer Kräfte manchmal nahe waren.

Februar 2001:
Blaue Stunde:
In der Dämmerung verschwindet nicht nur die attraktive Brückengestalt langsam, sondern es wird auch das Arbeiten schwerer als vorher. Wo kein Licht hinfällt, kann auf Baustellen auch mal der Abgrund lauern.

Januar 2001:
Aus diesem Dickicht von Schalungselementen sollte sich alsbald ein schlankes Pfeilerdreieck entpuppen.

Januar 2001:
Und manchmal schon allein dadurch, dass der Blickwinkel ein wenig weiter geöffnet ist.

April 2001: Von den Aussichtspunkten am Nordhang des Thüringer Waldes offenbarte sich die Brücke nun viel deutlicher. Und mit ihr auch die nicht zu unterschätzende Nähe zum Ort Geraberg selbst.

Mai 2001:
Dieser Schalwagen hing frei an jedem der zwölf Enden an den sechs Pfeilern der beiden Brücken und ermöglichte interessante Einblicke in den Innenaufbau.

Mai 2001:
Ein Zwischenstand – zu diesem Zeitpunkt trugen schon alle drei Pfeiler der Nordbrücke ihre „Kronen" auf den Pfeilerarmen.

Mai 2001:
In dem bunt gewürfelten Containerdorf wurde nicht nur die Bautätigkeit koordiniert, hier waren auch Teile des Bauteams in ihrer Freizeit untergebracht.

Juni 2001:
Gleichgewichtsfrage – an diesen Trossen ziehen die Pfeiler immer dann, wenn sie durch die jeweiligen Betoniertakte nicht mehr genau ausbalanciert sind.

Juni 2001:
Zwischendurch machte auch politische Prominenz – hier Ministerpräsident Bernhard Vogel – Halt an den Brückenbaustellen.

Juni 2001:
Weil die sichernden Trossen von weitem fast nicht zu sehen waren, wirkte der Pfeilerbau bisweilen fast ein wenig waghalsig.

srepublik
chland
Land
Thüringen
rsprojekt
he Einheit
16
enau-Ost (B87) - Geschwenda (B88)
u der Talbrücke
Gera
Fertigstellung: Sommer 2002
rchführung:
heit Fernstraßenplanungs-und-bau GmbH
in Planungsgemeinschaft:
Fritsche, Ingenieurbüro für Bauwesen, 94469 Deggendorf
nungsgesellschaft Haugg mbH, 08485 Lengenfeld/Vogtland
THORMÄHLEN + PEUCKERT

Juni 2001:
Ein Landesvater-
Autogramm hat auch
in hartgesottenen
Brückenbauerkreisen
einen ganz
besonderen Wert.

Juni 2001:
Und mancher Bauleiter mag sogar annehmen, er würde mit einem solchen Signum Vorfahrt auf allen kommenden Wegen erhalten.

*Juli 2001:
Bilder einer
Sommerreise
in der Luft.
So sieht die Brücke in
der Sonnenuntergangs-
stimmung aus.*

*Juli 2001:
Und die Monteure haben wirklich keine Zeit, sich um einen an einer Krangondel herab schwebenden Journalisten zu kümmern.*

*Juli 2001:
Auch Holz ist als
Baustoff beim Brücken-
bau gefragt. Es dient in
erster Linie als Mittel
für die Schalungen.*

Juli 2001:
Wer heute beim Befahren der Brücke diesen Blick aus dem Autofenster genießt, der hat ein Problem – und zwar ein großes. Auch in der Bauzeit, war das Wandeln auf schmächtigen Bauplanken eine Mutprobe.

*Juli 2001:
Selten hatten die
Männer oben auf den
Planken Muße, einen
solchen Abend wirklich
zu genießen.
Auch wenn die Sonne
gerade durch das
Messinstrument
hindurch schien.*

Juli 2001:
Kuschlig mutete der Blick aus dem Bauch des Pfeilerüberbaus der Achse 30 in Richtung Westen an, doch hier trug bis dahin noch nichts weiter als solides Schalholz.

*Juli 2001:
An der Brücke brennt noch Licht. Wie oft in der ersten Jahreshälfte 2001 schlief das Dorf längst, nur am künftigen Verkehrsweg wurde noch gearbeitet.*

Juli 2001: Schwindelfreiheit kann trotz aller Sicherheitsmaßnahmen wirklich nicht schaden, wenn man sich für das Brückenbauerhandwerk entscheidet.

August 2001: Während der östlichste der Pfeiler an der Nordbrücke schon fertig war und dabei so auffällig ins Freie ragte, wartete er nunmehr auf sein mittleres Gegenstück.

August 2001:
Nicht nur über die luftige Krangondel muss es nach einem Besuch wieder abwärts gehen. Auch im Kranarm geht es (allerdings zu Fuß) bergab. Und auf halbem Wege zum Lohn ein besonderer Blick.

August 2001: Nicht nur am Ende von Tunneln kann ein besonderes Licht scheinen, das ist durchaus auch im Inneren von Brückenpfeilern möglich.

August 2001: Und auch vom oberen Ende des Krans sind die Aussichten – hier in westliche Richtung – durchaus von der spektakulären Sorte.

August 2001: Das Hinabklettern geht zwar ein wenig in untrainierte Beine, ist aber ansonsten eher ungefährlich.

Oktober 2001: Einer von den besonderen Tagen über der Zahmen Gera, für die man trotzdem etwas näher heran musste: Die ersten beiden Pfeiler wurden mit Beton zusammengefügt. Und zum ersten Male (ganz rechts im Bild) sah man Gerabergs Bürgermeister Heinz Hertwig „auf" der Brücke.

*Oktober 2001:
Und zwar nicht nur oben, wo die Offiziellen standen, sondern auch hier unten im Bauch des Giganten.*

Oktober 2001: Perspektivwechsel – 6 Kubikmeter Beton fehlten noch zwischen den beiden Vorbauenden, diese Anfangsmischung aber, die sich sogleich in diesen Container ergießen sollte, gehörte nicht dazu. Sie hatte den Zweck, den Schlauch zu „schmieren".

Oktober 2001:
Außer den Offiziellen am Ort des Geschehens war auch den Handelnden selbst der Stolz auf den Etappensieg anzusehen.

Dezember 2001: Dieses Bild wählten die Brückenbauer der Zahmen Gera unter die „Best of": Mitten an einem klirrend kalten Dezemberabend ergab sich diese „Blaue Stunde".

*Dezember 2001:
Und während das Tal Advent feierte, liefen bei fast 20 Grad Frost die Bauleute Gefahr, an den Metallstreben festzufrieren.*

*Juli 2002:
Der Verbindungsvorgang wiederholte sich noch einige Male, da allerdings weniger offiziell. Bauleiter Thoralf Litzke (der mit dem weißen Helm) hat von diesem Tag nicht nur die Geburt eines neuen Brückenstücks in Erinnerung, er wurde etwa zur selben Stunde Vater.*

Juli 2002: Geraberg im Hintergrund – selten hatten die Bauleute einen Blick für den Ort, für den sie (auch) die Autobahn bauen. Allerdings nahmen sie durchaus das Rufen um die am Fuß der Brücke entstehende Kläranlage bisweilen bis hier oben wahr.

Oktober 2001: Irgendwann war auch das erste Endstück zwischen Widerlager und erstem Pfeiler fertig. Und offenbarte einmal mehr die Schönheit der kühnen Doppelschwünge über das Geratal.

November 2001:
Dieses Foto von einem Sonntagsspaziergang im Frühwinter machte Karriere.
Es zierte die offizielle Weihnachtspostkarte der Autobahnbaugesellschaft DEGES.

Juni 2002: Inzwischen hatte die Nordbrücke sogar schon ihr Geländer. Und selbst das ist kreativer als das übliche Einlerlei.

Juni 2002:
Vom Querausleger eines der Autobahnkräne aus lässt es sich luftig fotografieren. Und zwar nicht nur in Richtung Baufeld.

Juni 2002:
Auch der Kranführer mag sich in ruhigen Momenten vorgenommen haben, hierher einmal wieder (in den Urlaub) zu kommen, wenn er weniger zu tun hat.

*März 2003:
Der vollendete Doppelschwung. Eine Brücke solcher Anmut hat wirklich nicht jeder Ort als neues Wahrzeichen vorzuweisen. Doch die Geraberger ahnten dies wohl. Ihr Ortswappen enthält das charakteristische Zeichen nämlich schon seit Anfang der 90-er Jahre*

*März 2003:
Nicht immer müssen Brückenbauten länger dauern als die freie Strecke. An dieser war noch im Frühling eine ganze Menge zu tun.*

August 2003:
Die Schilder am Streckenrand zeigen es an. Kürzer sind die Distanzen gen Norden zwar nicht geworden, aber ihre Überwindung braucht nur noch die halbe Zeit.

November 2003:
Angesichts solcher Formen versagen auch geschulte Lippen eines Autobahnfreundes. Eine würdige Talkrone fürwahr...

ALTE BURG

Kitzlige Momente wegen Erzsuchers Hinter-lassenschaften

Der Tunnel Alte Burg mit seinen beiden Röhren ist für den, der in südlichen Richtung unterwegs ist, die nächste Stufe auf der ansteigenden Superlativ-Skala. Nach dem Tunnel Behringen als kleinem Vorgeschmack bekommt er hier mit 874 Metern in der Nord- und 866 Metern Länge in der Südröhre schon ein fast doppelt so langes Stück unter Tage geboten. Das mit 55 Millionen Mark Gesamtkosten veranschlagte Bauwerk hat auch wegen seiner Länge die ersten Querstollen.

Begonnen wurde er kurz vor der Bundestagswahl 1998. Seine Tunnelpatin war die seinerzeitige Bundesministerin für Jugend, Familie und Senioren, Claudia Nolte (CDU), heute noch Bundestagabgeordnete. Es gehört zu den Eigenheiten der Politik, dass man den Anschlag auf dem Hügel zwischen den Talbrücken Schwarzbach und Wilde Gera durchführte. Mit großem Pomp gingen einige Sprengladungen vor einem imitierten Tunnelportal in die Luft. Als Politik und Medien den Hügel wieder verlassen hatten, verschwand flugs auch das mühsam in zwei Wochen aus Styropor und Beton zusammengebastelte Tunnelportal wieder. Man hatte nämlich gar nicht vor, von dieser Seite aus den Tunnel vorzutreiben, sondern von der anderen Bergseite.

Damit ernsthaft begonnen wurde erst zu Jahresbeginn 1999. Und dann funktionierte trotz einiger Schwierigkeiten mit eindringendem Wasser und großer Kälte alles ganz gut, obwohl sich die Tunnelpatin von da an lange nicht mehr blicken ließ – Terminprobleme...

Ob ihr das der Berggeist übel genommen hatte? Fast ein wenig zu glatt waren die Bauarbeiten verlaufen. Bis zum 30. Juni 1999. Tagelange Regenfälle hatten das Gebirge ziemlich durchnässt. Nicht mehr weit war es bis zum Westportal. Von der Decke kam immer mehr Wasser. Die Tunnelbauerprofis vom Schachtbau Nordhausen witterten Unheil. Nicht grundlos: Wenige Minuten, nachdem der Tunnel schleunigst geräumt wurde, donnerten 3.500 Kubikmeter Schlamm und Geröll von oben her in die Tunnelröhre. Bis an die Oberkante des Gebirges rutschten die Geröllmassen durch. Die vor Jahrhunderten in dieser Gegend intensive Bergbautätigkeit hatte hier einen längst vergessenen und in keiner Karte verzeichneten Altstollen hinterlassen, dessen Füllung unter den Regenfällen in Bewegung geraten war. Von oben her wurden eilig große Mengen Beton eingefüllt und damit der Schlot plombiert. Doch mit dem Vortrieb der Röhre konnte es in diesem Bereich natürlich nur noch in kleinen Schritten vorwärts gehen. Trotzdem war es im November soweit: Wieder stand alles hoch überm Schwarzbachtal, diesmal auf der inzwischen rohbaufertigen Schwarzbachtal-Brücke (und diesmal auch auf der richtigen Seite), als im Wochenabstand in beiden Röhren der Durchschlag gefeiert werden konnte.

Was der Berg an Gestein freigeben musste, hatte sich bis dahin vor dem Ostportal gesammelt und füllt inzwischen einen anschließenden Talgrund fast vollständig aus.

Dezember 2000: Während der Zeit der Baustellenbeleuchtung haftete dem Alte-Burg-Tunnel trotz seiner vergleichsweise geringen Länge auch etwas Unheimliches an.

Dezember 2000: Hier sind die Tunnelbauphasen gut erkennbar. Bis auf Höhe der quer gespannten Schnur wurde anfänglich der Vortrieb gesprengt. Später wurde auf die gleiche Weise der untere Teil der Rundung ausgeformt. Wie weiter hinten zu erkennen, nimmt der Aufbau der Fahrbahn und der Nebenanlagen einen Teil der unteren Rundung zum Schluss wieder ein.

Dezember 2000: Wenn schon sonst die Tunnelpatin – im Falle Alte Burg war dies die Bundestagsabgeordnete Claudia Nolte – wegen vieler Termine kaum Zeit für ihren Tunnel hat – an einem Tag im Jahr sollte sie einen Besuch möglichst nicht verpassen: dem Tag der Heiligen Barbara, der Schutzpatronin der Mineure.

April 2000: Wie eine Wunde im Berg wirkt das Tunnelportal in der Bauphase. Und der Weg bis zur Vollendung scheint da noch recht weit zu sein.

September 2001: Wie die Brücken standen auch die Tunnel im Mittelpunkt des Interesses vieler schaulustiger Wanderer. Und trotz einiger Risiken im Dunkel wagten manche den nicht ungefährlichen Weg zur interessanten Abkürzung ihres Sonntags-spazierganges.

September 2001:
Nach dem Einbau der inneren Tunnelschale wirkt die Röhre unter dem Berg um vieles Zutrauen erweckender.

Mai 2003:
Lange war es für interessierte Außenstehende schwer, die Tunnel direkt vor Ort zu besichtigen. Kurz vor der Freigabe nutzte der Geschwendaer Gemeinderat eine Chance, um sich im Detail zu informieren. Schließlich steht für die örtliche Feuerwehr mit der Kammquerung auch eine besondere Herausforderung vor der Haustür.

Mai 2003:
Kein Vergleich mit dem dunklen Schlund aus der Bauzeit. Mit Beleuchtung, Belüftung und Sicherheitseinrichtungen en masse wirkt die Röhre um einiges einladender.

Mai 2003:
Eigentlich nur ein vorübergehendes „stilles Örtchen", doch spitze Zungen wollten hierin schon den Probebetrieb für eine künftige Mautstelle erkennen.

Schwarzbach-tal

Die Geduldigkeits-siegerin

Keine Brücke musste so lange fertig gestellt da stehen und warten, bis Autobahnverkehr auf ihr floss. Im gesamten Abschnitt war die Schwarzbachtalbrücke das erste der großen Bauwerke, an dem gut sichtbar gebaut wurde. Trotzdem haben ihr nur wenige dabei zugeschaut. Der Grund ist ebenso banal wie nahe liegend: Das Schwarzbachtal ist nicht nur außerordentlich eng eingeschnitten und unübersichtlich, sondern als Seitental der Wilden Gera zwischen Gräfenroda und Gehlberg zudem sehr abgelegen. Selbst wenn man – verbotener Weise – die vorübergehend auf dem Waldweg angelegte Baustraße hinauf fuhr, bemerkte man erst auf den letzten Metern das Bauwerk. Bis zu 70 Metern Höhe über dem Talgrund – das ist zwar nicht mehr als bei den anderen Brücken, doch wirkt es vor allem durch die geringe Talweite so. Und auch diese Brücke hat ihre Besonderheit. Hier verlaufen beide Richtungsfahrbahnen nicht auf einem, sondern auf zwei getrennten Baukörpern. Man kann also – wie schon im Altwipfergrund, Streichgrund und Zahmer Gera – eigentlich von zwei Schwarzbachtalbrücken sprechen. Das liegt an dem Umstand, dass zwischen dem Tunnel Alte Burg mit seinen getrennten Fahrbahnröhren und der Brücke nur wenige Meter liegen. Auf so kurzer Strecke kann man die Bahnen nicht zusammenführen, wohl aber auf einigen hundert Metern. Das hat zur Folge, dass die beiden Brücken nicht parallel, sondern aufeinander zu verlaufen. Auf der sich westwärts anschließenden Talbrücke Wilde Gera musste das Trassenband wieder zusammengeführt worden sein.

In den offiziellen Beschreibungen der DEGES heißt es:

Unmittelbar an das Westportal des Tunnels Alte Burg schließt das Ostwiderlager der Brücke über das Tal des Schwarzbaches an. Das Bauwerk erhält zwei getrennte Überbauten mit je 13,50 m zwischen den Geländern. Je Richungsfahrbahn stehen zwei Fahrstreifen und ein Standstreifen zur Verfügung. Aufgrund der Lage des Bauwerks zwischen dem Tunnel Alte Burg und der Talbrücke Wilde Gera werden die beiden Überbauten der Talbrücke Schwarzbachtal nicht parallel, sondern zulaufend (Achsabstand 16 m bis 23 m) hergestellt. Bei einer Bauhöhe von 3,24 m betragen die Stützweiten für den Nordüberbau 35 m - (6 x) 47 m - 35 m = 352 m; für den Südüberbau 35 m - (5 x) 45 m - 35 m = 322 m. Die Spannbetonüberbauten werden im Taktschiebeverfahren hergestellt. Die maximale Höhe über Tal beträgt etwa 70 Meter.

In der offiziellen Beschreibung nicht erwähnt ist ein Detail, das sich der Architekt ausgedacht hatte. Dem oft beklagten Umstand, dass die Autofahrer auf der Brücke selbst die Details derselben kaum wahrnehmen können, wollte er ihnen diese mit einem Kunstgriff nahe bringen. Jeweils über den Pfeilern sollten meterhohe Metallmasten in knallgelb deren Position anzeigen und so wenigstens symbolisch an die Mühen des Baus erinnern. Sie wurden auch tatsächlich montiert. Noch im Sommer 2001 waren sie zu bestaunen. Da den meisten, die es taten, der tiefere Grund nicht erklärt wurde, gab es bald Spekulationen: Vorbereitungen für eine Lärmschutzwand aus Glas, eine Überglasung sogar oder doch wenigstens eine Brückenbeleuchtung – der ironischen Vermutungen waren irgendwann so viele, dass dem Bauherren DEGES die Geduld riss. Er ließ sie kurzerhand wieder abbauen. Um eine korrekte Begründung zu finden, wurde flugs eine Luftraumeinengung für Wartungsarbeiten am Brückenkörper herbeigezaubert. Lange Zeit waren die Zeugnisse einer so schnöde ignorierten Idee auf dem Gelände der Autobahnmeisterei bei Wandersleben zu bemitleiden.
Am Eröffnungstag im Juli 2003 hatte die Brücke auch zugleich ihre erste (ungewöhnliche) Belastungsprobe zu absolvieren. Weil Bundeskanzler Gerhard Schröder per Hubschrauber am Ostportal des Rennsteig-Tunnels erwartet wurde, musste das Eröffnungsvolk in gebührender Entfernung warten. Und so stand sie für zwei Stunden ganz und gar voll tausender Stauteilnehmer – allerdings Radfahrer und Fußgänger.

*Dezember 2000:
Von der Alten Burg aus – dem Berg, unter dem die Trasse per Tunnel auf die Schwarzbachtalbrücke trifft – geht der Blick gen Westen. Die lange Zeit im Mittelgrund befindliche Aufschüttung ist verschwunden, so dass auch die Talbrücke Wilde Gera von hier ansatzweise zu erkennen ist. Nur das Portal des Rennsteigtunnels versteckt sich in der Fortsetzung knapp hinter dem Wald. Gut erkennbar die nach den getrennten Tunnelröhren im Brückenverlauf aufeinander zuführenden Richtungsfahrbahnen.*

August 2000: Dass der Tunnel Alte Burg und die Schwarzbachtalbrücke fast eine Einheit bilden, wird aus dieser Richtung besonders deutlich. An diesem Ausssichtpunkt wartete man im Sommer 2000 auf den Kanzler, auf der Brücke standen drei Jahre später Tausende und warteten, bis der Kanzler auf der Zella-Mehliser Bergseite mit dem Reden fertig war.

Juli 2000:
Unter deutlich weniger Anteilnahme als ihre Schwestern gebaut, war die Schwarzbachtalbrücke auch als eine der ersten fertig. Dabei hätte ihre Errichtung durchaus mehr Aufmerksamkeit verdient gehabt.

Dezember 2000: Die charakteristischen Harfen findet man häufiger an den Brückenköpfen der Kammquerung. Sie haben allerdings mehr Signal- und Schmuckwert.

*Juni 2001:
Signalwert sollten
eigentlich auch diese
gelben Stangen
erfüllen.*

März 2002:
Irgendwann wurden den Autobahnbauern die Neugierigen zu keck. Sie verschlossen die Tunnelröhren provisorisch.
Am Spiel der Pfosten der Schwarzbachtal-brücke allerdings konnten sich die Unentwegten auch weiterhin erfreuen.

November 2003:
Vor allem vom Talgrund wirkt die Schwarzbachtalbrücke gewaltig. Der Effekt kommt von dem steil eingeschnittenen Tal. In der Höhe überragt sie ihre beiden östlichen Nachbarinnen nämlich nicht.

November 2003:
Nicht immer tragen Brücken auch Ampeln. Aber wenn ein Tunnel nicht weit ist, kann dies für dessen mögliche Sperrung schon erforderlich sein.

Wilde Gera

Spekatkulär und grazil – die Begeisterung für einen Halbbogen

Sie war, so lange der Rennsteigtunnel mehr Projekt als Realität gewesen ist, der Liebling aller überregionalen Medien. Die beiden vom Talgrund hinauf aufeiander zuwachsenden Bögen begeisterten nicht nur die Autofahrer im Tal gut 100 Meter tiefer auf der Ortsverbindung zwischen Gräfenroda und Gehlberg, sondern zog Technik-Interessierte scharenweise in den Thüringer Wald.

Die nüchternen Zahlen der Planer für die Brücke über das Tal der Wilden Gera – mit 552 Metern nur 32 Meter länger als jene über die Zahme Gera etwa 5 Kilometer weiter östlich – können die Begeisterung schlecht verursachen, die das Bauwerk seit seinem Baustart vor inzwischen schon zweieinhalb Jahren nicht nur bei Fachleuten, sondern auch bei vielen Besuchern aus Nah und Fern ausgelöst hat. Und sie umschreiben auf schmeichelhafte Weise, dass nicht die DEGES und auch nicht die Planungsbehörde es waren, die die Idee zu diesem Bauwerk hatten. Getreulich der Pflicht zur Kostenminimierung hatte man zunächst eine Pfeilerbrücke wie schon in den Nachbartälern geplant. Eine alte Mülldeponie und ein altersschwacher Bahndamm sind es schließlich gewesen, die den Bogen verursachten. Die Pfeiler der Brücke hätten unmittelbar neben dem Flussbett der Wilden Gera gestanden. Dort, wo auch eine frühere Mülldeponie liegt. Für die Gründungsarbeiten hätte nicht nur die Deponie teuer entsorgt, sondern auch die Gera umverlegt werden müsse. Auch der Damm der Bahnlinie Erfurt-Suhl, der nach erstaunter Berechnungserkenntnis der Statiker eigentlich gar nicht mehr stehen dürfte, wäre einem Pfeiler bedrohlich nahe gekommen. Die Aschaffenburger Mittelstandsfirma Adam Hörnig, die auch für die Ausführung der anderen Gera-Brücke weiter im Osten verantwortlich zeichnete, machte gemeinsam mit einem Planungsbüro den eigentlich teureren, in der Gesamtschau aber günstigeren Vorschlag: Ein Bogen – über alle Problemstellen hinweg – mit 252 Metern Spannweite der elftgrößte weltweit, der viertgrößte in Europa, der größte in Deutschland und echter Zuschauermagnet sowieso. Einziger Wermutstropfen, der nicht unerwähnt bleiben soll: Das Logistikkonzept für die Massentransporte kam gehörig durcheinander; denn eigentlich sollte die Brücke zur Jahreswende 1999/2000 fertig sein, um auf ihr den Tunnelaushub aus dem Rennsteigtunnel in den Trassenbereich westlich der Talbrücke Zahme Gera zu bringen. So mussten sie vor dem Eingang zwischengelagert werden, weil auch der Alte-Burg-Tunnel zu dieser Zeit nicht ganz fertig war. Und dort sollte es vor allem im Sommer 2000 mächtig eng werden...

Doch nicht nur die Medien interessierten sich, auch der Kanzler legte eine Station seiner berühmt gewordenen Sommerreisen durch den Osten hier ein. Ein Chronistenbericht:
Wenn einer eine Reise tut, und diese führt ihn in den Ilm-Kreis in Thüringen – dann sollte er die Autobahnbaustellen besuchen. Doch der Bauherr, die Bundesrepublik Deutschland, kann natürlich nicht alle Tage hier sein. Erfreulich und beziehungsreich zugleich war der Besuch von Bundeskanzler Gerhard Schröder (SPD) am 22. August 2000. Laut Plan sollte er zu den ersten „Zivilpersonen" gehören, die eine Fahrt über die Schwarzbachtalbrücke hinweg durch den Tunnel Alte Burg wagen würden. Dass er auch die Talbrücke Wilde Gera unter die Räder seiner Staatskarosse nehmen würde, wie es manche Pressemitteilung vorschnell ankündigte, konnte sich nur als ein Gerücht erweisen, so schnell konnte man bei der Adam Hörnig AG auch für den Kanzler nicht arbeiten.
Ein pikantes Detail hat Gerhard Schröder – wenn er es denn erfuhr – womöglich zum Schmunzeln gebracht. Die Bauwerke wurden vor allem im Bereich der Kammquerung in der Regierungsperiode seines Vorgängers Helmut Kohl begonnen. Das hatte zur Folge, dass beispielsweise zwei Tunnel nach CDU-Politikerinnen beziehungsweise deren Gattinnen benannt wurden, die jeweils Vertreterin der Heiligen Barbara, der Schutzpatronin der Mineure wurden: der Rennsteigtunnel nach

Christiane Herzog und der Alte-Burg-Tunnel nach Claudia Nolte. An die tapfere CDU-Frau wird sich Schröder vor allem deswegen erinnern, weil sie in der Endphase des Bundestagswahlkampfes 1998 mit einigen (zu ehrlichen) Äußerungen zur Frage einer Mehrwertsteuererhöhung Schröder das Siegen noch ein wenig leichter gemacht hat. Da sollte die Referenz an die unfreiwillige Helferin, einmal ein nach ihr benanntes Bauwerk zu besuchen, nur recht und billig sein... Den „Gegner" zu „tunneln" ist also nicht nur im Sport verbreitet.

Kurz vor 16 Uhr war es, da rollte die Wagenkolonne durch den Tunnel und von dort über die fast fertig gestellte Schwarzbachtalbrücke zu dem kleinen Podest zwischen den beiden Brücken. Ein offensichtlich auch am zweiten Tag seiner Besuchsreise noch gut gelaunter Kanzler entstieg aber zur Überraschung der etwa fünf Dutzend Schaulustigen nicht etwa einer der Staatskarossen, sondern dem vorweg fahrenden Baustellentransporter. Die DEGES-Spitze kam nur zu einigen Erläuterungen, da mischte sich schon Thüringens Ministerpräsident Bernhard Vogel in die Debatte. Und er schaffte es, nicht nur über den ICE zu reden, sondern auch über die nötige Verlängerung der Autobahnen A71 im Norden und der A71 und der A73 im Süden.

Viel Zeit blieb nicht, aber immerhin die tapfere Versicherung von DEGES-Mitarbeiter Eisermann gegenüber dem Autor: „Wir werden so schnell fertig, wie unsere Chefs uns das sagen." Das machte damals Mut im Hinblick auf die Gesamtfertigstellung (bis zur Ansschlussstelle Rohr bei Meiningen) im Jahr 2002.

November 2003:
Der berühmte Bogen der Wilden Gera kündet weithin sichtbar von der Baukunst deutscher Ingenieure.

April 1999: Von Anbeginn der Arbeiten am Rundbogen war das Interesse ungebrochen. Und auch der Mond schien ein besonderes Augenmerk auf diese Baustelle zu haben.

Juli 2000:
Im Wald der Stifte oberhalb der auf die Brückenpfeiler geschobenen Stahlwannen fällt der Blick von der höchsten der Waldautobahnbrücken gut 100 Meter tief ins Tal der Wilden Gera.

Februar 2000:
Für den Laien schwer nachzuvollziehen –
nur auf zwei dieser Auflageflächen ruht der
gesamte Brückenkörper jeweils auf den Pfeilern.

August 2000:
Über den bereits fertiggestellten Bogen und der über die gesamte Brückenlänge (aufwärts) von einer Seite eingeschobene Brückenfelder sind nun die Schalwagen an der Reihe, um auf dem Strebengewirr eine Fahrbahnplatte von immerhin 28,5 Metern Breite aufzunehmen.

August 2000:
Recht getan – eine Stahlbaufirma aus Deutschlands Osten begriff die Brückenbaustelle auch als eine Werbemöglichkeit für ihre Qualitätsarbeit. Mit dem Hinweis, die Autofahrer nicht abzulenken, werden weiter gehende Hinweise leider an vielen anderen Stellen bewusst vermieden.

November 2000: Nicht nur der oft gepriesene Bogenschluss war eine wichtige Etappe, ein knappes Jahr später begegneten sich auf der Brückenmitte auch die beiden Schalwagen, die die Fahrbahnplatte gebaut hatten.

Juni 2001:
Wie man sieht, in dem Sommer lagen noch einige Steine vor dem freien Weg durch das Gebirge. Inzwischen sind beide Brücken Wilde Gera und Schwarzbachtal (letztere noch mit Schmuckstangen) in Ostrichtung zu erkennen. Rechts ist die Fahrbahn soweit fertig, links erkennt man noch den „Flickenteppich" der Dachpappenbahnen, mit denen die Brücke abgedichtet wurde.

Tunnel Rennsteig

Der große Unbekannte mit dem starken Finish

Er ist der Star unter den Sternen der Waldautobahn-Bauwerke: der Rennsteigtunnel mit seinen beiden fast acht Kilometer langen Röhren. Seinetwegen kamen Hunderttausende und mit ihnen hohe politische Prominenz zur Eröffnung.
Im Bund mit den anderen Bauwerken und natürlich der Trasse selbst versinnbildlicht er weit mehr als das Kernstück einer Verkehrstrasse von bundespolitischem Rang oder ein nun deutlich stärker an die Landesmitte heran wachsendes Südthüringen. Er ist Symbol für das, was Menschen in Verbund mit der Technik schaffen können. Er ist – trotz von Gegnern geäußerter Kritik – Zeichen dafür, dass Verkehrsplanung an der Schwelle des 21. Jahrhunderts auf Nachhaltigkeit setzt. Letztlich war es das Schutzgut des Landschaftsraumes, das die Planer einen Tunnel für die Passage des Gebirges wählen ließ. Er durchschneidet die Natur nicht, wie dies bei einem Mittelgebirge sicher auch denkbar gewesen wäre, sondern unterquert sie.
Technologisch betrachtet sind es eigentlich drei Tunnel. Die beiden großen Lüfterbauwerke nach jeweils einem Drittel der Strecke im Kehltal und nahe des Bahnhofs Oberhof waren auch jene Punkte, an denen die Röhre fast zu Tage tritt und von wo der Vortrieb ebenfalls erfolgte.
Immer genug gute Luft zum Atmen – dies ist neben den bergbautechnischen Ansprüchen wie der Überquerung des 115 Jahre älteren Brandleitetunnels für die Eisenbahn die große Herausforderung an die Technik. Voll computerisiert und wie die anderen Tunnel mit Kameras und Sensoren zentral überwacht von der Tunnelleitstelle in Zella-Mehlis, bleibt heute kein Vorfall im Tunnel ungesehen. All dies wurde umfangreich vor der Freigabe erprobt. Und das mögliche Maß an Sicherheit. Zur Überwachung gehört auch die mit 80 km/h begrenzte Geschwindigkeit. Ohne Blitz, trotzdem unbestechlich, überwachen die Anlagen das Limit und führen so zu einem ruhigen Fahrzeugstrom
Das hatte seinen Preis. Eine Viertelmilliarde Euro sind nicht nur Tribut an den Landschaftsschutz, sondern machen den Tunnel auch zu einem der sichersten seiner Klasse. Besonders hier waren nach dramatischen Tunnel-Unglücken in den Alpen nochmals Nachrüstungen entschieden worden, die die Bauphase zuletzt um einiges verlängerten.
So sehr sich die Öffentlichkeit gegen Ende für den Tunnel begeisterte, so wenig drang anfangs von tief unter dem Berg vor allem an optischen Eindrücken nach außen. Diese oder jene Vortriebszahl und großer Auflauf bei den Durchstichen, dazwischen aber ist eine Röhre auf fast jedem Meter ihrer Länge immer nur wieder eine Röhre. Bilder sind daher naturgemäß weniger spektakulär, sollen aber deswegen den Respekt vor der Bauleistung nicht schmälern.
Er spiegelt sich auch im Ton der Berichte von den wenigen öffentlichen Anlässen wieder. In der Thüringer Allgemeine schrieb Thomas Becker vom Tage des Durchstiches einer der Röhren am 22. Novemer 2000:

Die Patinnen der Zuluftstollen für den längsten deutschen Autobahntunnel, Annelie Rolle und Nadine Strasser, hatten es gestern kurz vor 15 Uhr in der Hand. Sie lösten die letzten beiden Sprengungen in der 7916 Meter langen Weströhre des Rennsteigtunnels aus und sorgten damit für den letzten Durchschlag in dem für Thüringen so bedeutsamen Bauabschnitt der Waldautobahn A71.
Am 26. August 1998 war der Tunnelanschlag durch die inzwischen verstorbene Haupttunnelpatin Christiane Herzog erfolgt. Seitdem wurden in 850.000 Sprenglöchern 1.000 Tonnen Sprengstoff verbraucht. 1,3 Millionen Kubikmeter Ausbruch wurden aus den beiden Röhren zwischen Gräfenroda und Zella-Mehlis geholt. 150 Personen waren und sind im Vortrieb und in der Werkstatt beschäftigt, 35 in der Verwaltung und 50 haben mit der Errichtung der derzeit auf drei Kilometern gebauten Innenschale zu tun.
Einer, der von Anfang an dabei war, ist Schachtmeister und Polier Erich Ortner. Für ihn war der gestrige Tag zwar kein be-

sonderer, „nach 26 Jahren bewegt einen so etwas nicht mehr", so der aus Oberösterreich stammende Tunnelprofi. Aber Emotionen weckt die Baustelle – immerhin auch sein bisher längster Tunnel – trotzdem bei ihm. „Ich bin stolz darauf, dass es unter meiner Zuständigkeit im Tunnel keine schweren Verletzungen gab und auf der ganzen Länge des Tunnels keinen Toten", so Erich Ortner.

Im Anschluss an die letzten Sprengungen gab es eine Feier in der Oströhre des Tunnels, wo das Team der Kantine Rennsteigtunnel in bewährter Form die Bauarbeiter und die mehreren hundert Gäste bewirtete. 2.000 Bratwürste, 1.600 Rostbrätl, Soljanka, reichlich Bier und Glühwein sorgten bei Musik der erstmals in einem Tunnel auftretenden Oelsnitzer Blasmusikanten für einen angenehmen Aufenthalt.

Juli 2000: Unbestritten: Der Bau der Autobahn hat der Landschaft auch Wunden zugefügt. Zwischen Talbrücke Wilde Gera (ganz rechts im Bild) und dem Eingang des Rennsteigtunnels türmten sich (auch deswegen, weil die Brücke nicht so schnell fertig wurde, wie vorgesehen) zwischendurch große Mengen an Tunnelaushubmaterial.

*Juni 2001:
Die Wilde-Gera-Brücke wurde (auch aus Kostengründen) statt einer Pfeiler- eine Bogenbrücke. Und dadurch später fertig. Der Tunnelaushub, dessen Abfuhr eigentlich über die Trasse gen Osten geplant war, musste nun vor dem Portal zwischengelagert werden. Und weil er immer weniger Platz hatte, gab es in diesem Sommer plötzlich lauter frisch geschotterte Forststraßen im Wald. So günstig wäre die Forstverwaltung nie wieder an das Material gekommen, in dem die Autobahnbauer eine Wiese von ihr zur Zwischenlagerung brauchten.*

März 2002:
Maschinen dieser Art waren verantwortlich dafür, dass aus Felsbrocken handliches Granulat aller gewünschten Größenklassen wurde.

Dezember 2002: Anlässlich der Einweihung des Autobahnabschnittes von Suhl nach Meiningen war wegen der anschließenden Einweihung zwischen Ilmenau-Ost und West erstmals eine Durchfahrt durch den Rennsteigtunnel für den Einweihungstross möglich, der hier gleich aus der linken der beiden Röhren am Ostportal hervorquellen wird.

Dezember 2002:
Trotzdem war um diese Zeit eine Tunnelfahrt (mit all ihren unverhofften Fahrbahnabsätzen) noch ein rechtes Abenteuer.

Mai 2003:
Da ließ sich die Besichtigungstour des Geschwendaer Gemeinderates, dem hier die Technik der beiden gewaltigen Luftaustauschzentralen erklärt wird, schon viel komfortabler an.

März 2003:
Die Tunnelingenieure erklären gern und nicht ohne Stolz das computerisierte Management der Tunnelbelüftung, die vom normalen Nutzungsbetrieb über die kontrollierte Herstellung von Rauchschichtungen bei Bränden bis zur maximalen Vollentlüftung nach der Evakuierung alles beherrschen muss.

*März 2003:
In der letzten Bauphase war wegen der Nutzung nur einer Tunnelröhre Vorsicht im Gegenverkehr angesagt. Auch weil der Rennsteigtunnel (im Vergleich zu Berg Bock) zu den dunkleren Röhren zählt.*

Mai 2003: Seiteneinblicke, wie sie der normale Tunnelnutzer hoffentlich nicht erleben wird. Neben den Tunnelportalen können Feuerwehr und Rettungskräfte auch von den Luftaustauschzentralen (hier jene im Kehltal) zu möglichen Gefahrenstellen vorstoßen.

*Mai 2003:
Dieser grob verkleidete Seitenstollen ermöglicht die Rettungszufahrt in die Hauptröhren, die zudem mit Überfahrten verbunden sind.*

Mai 2003:
Von der Rettungsleitstelle aus haben die Diensthabenden nicht nur über die Monitore einen Überblick zur Lage im Tunnel, sie können ihn vom Parkplatz aus auch sehen.

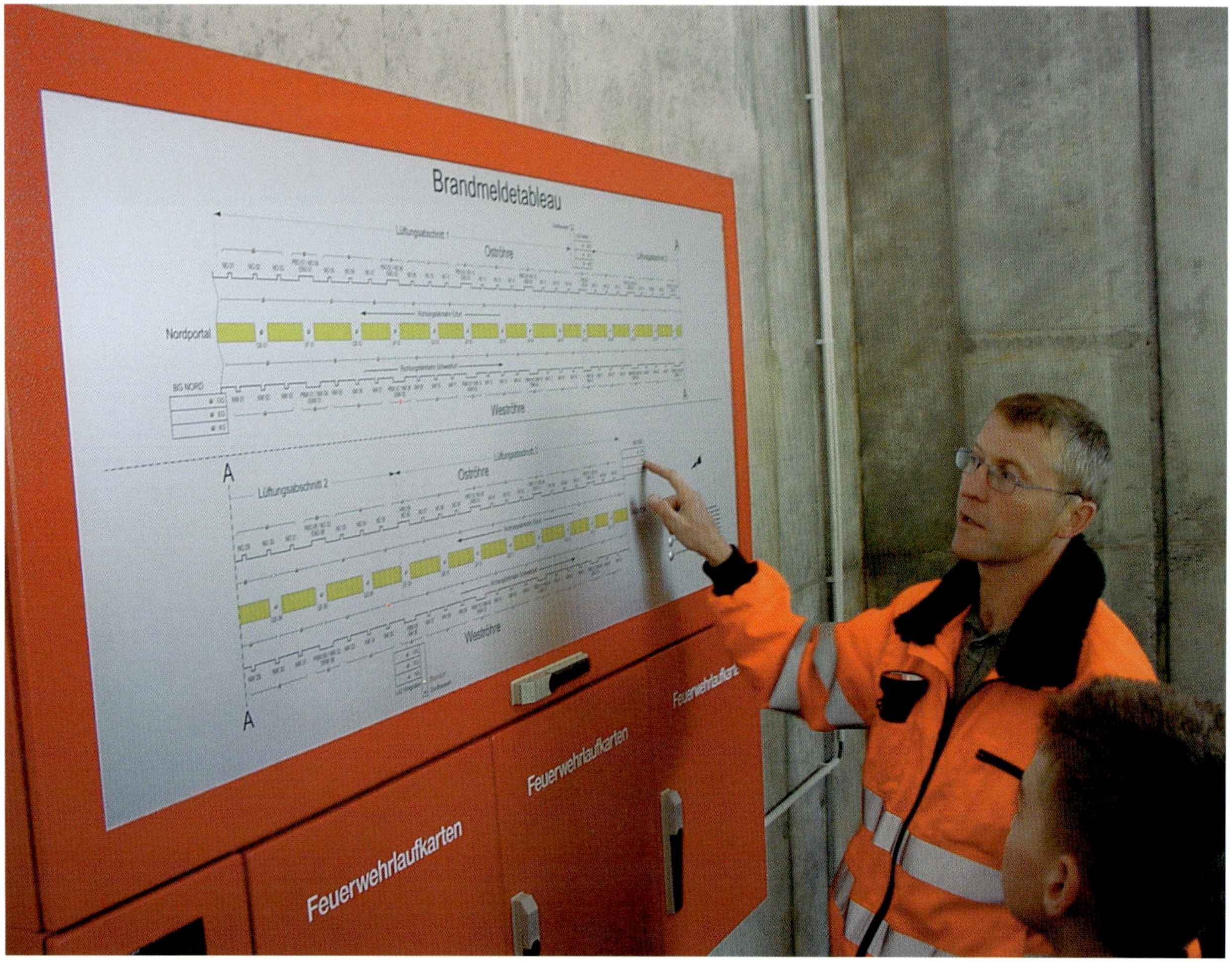

Mai 2003: Bevor es in den Tunnel selbst hinein geht, können die Einsatzkräfte am Seiteneingangsstollen auf diesem Tableau die Lage sondieren.

*Mai 2003:
Auch ein Hubschrauberlandeplatz steht an den Luftaustauschzentralen für Einsatzfälle zur Verfügung.*

Der Autor

Der Autor

Henry Trefz wurde die Begeisterung für den Bau von Brücken und Tunnel nicht unbedingt in die Wiege gelegt.
Aufgewachsen in Erfurt, begann er zwar 1980 nach der Schule eine Lehre, die nach dem Traumberuf mancher Jungen klang – Lokomotivführer. Der seine jedoch hieß Journalist. Also stand nach Lehrausbildung, Abitur und Wehrdienst ein Volontariat bei Thüringens größter Tageszeitung auf seiner Agenda. Seit 1987 studierte er in Leipzig Journalistik, ein Fach, das ihn angesichts der 89er Großdemonstrationen unmöglich in der Theorie einer Universität hielt. Seit 1991 Redakteur bei der „Thüringer Allgemeine", folgte er nach einem knappen Jahr im Politik-Ressort einem Ruf nach Ilmenau, wo es gemeinsam mit einem Kommilitonen eine neue Lokalredaktion aufzubauen galt. Seither war das tägliche Fahren von Erfurt nach Ilmenau sein Los, der Wunsch nach einer schnelleren Verbindung der beiden Städte also auch privat nachvollziehbar.
Ein Umzug 1996 führte ihn ins idyllische Geraberg, weil da der Autobahnbau bereits beschlossene Sache und die Freigabe absehbar war.
Trefz hat in seinem Blickwinkel auf den Autobahnbau, der zunächst seinen Ausdruck in einer Website (www.tri-c.de) zum Thema fand, weniger Wert auf die technischen Details gelegt, sondern sich begeistern lassen von den Dimensionen der Ingenieurtechnik, von der rauhen Herzlichkeit der Bauleute. Und er vergaß nie den journalistischen Argusblick auf gelegentliche Widersprüche zwischen angekündigten und tatsächlich eingehaltenen Freigabeterminen.
Die Würdigung der Autobahnerbauerleistung erschöpft sich nicht mit diesem Bildbuch. Trefz ist Initiator der Idee für ein Bundesautobahnmuseum (ARCTRIC-Arena) neben der Tank- und Rastanlage Geraberg, in welchem dem Bau ein bleibendes und lebendiges Denkmal gesetzt werden soll.

Impressum

2. Auflage: März 2004
Satz: RhinoVerlag
Druck: Druckhaus Gera GmbH
Lektor: Ulrich Völkel
Foto auf Seite 185 re.: Ralf Ehrlich,
Thüringer Allgemeine
Gestaltung: Frank Naumann, AGD

ISBN 3-932081-62-5

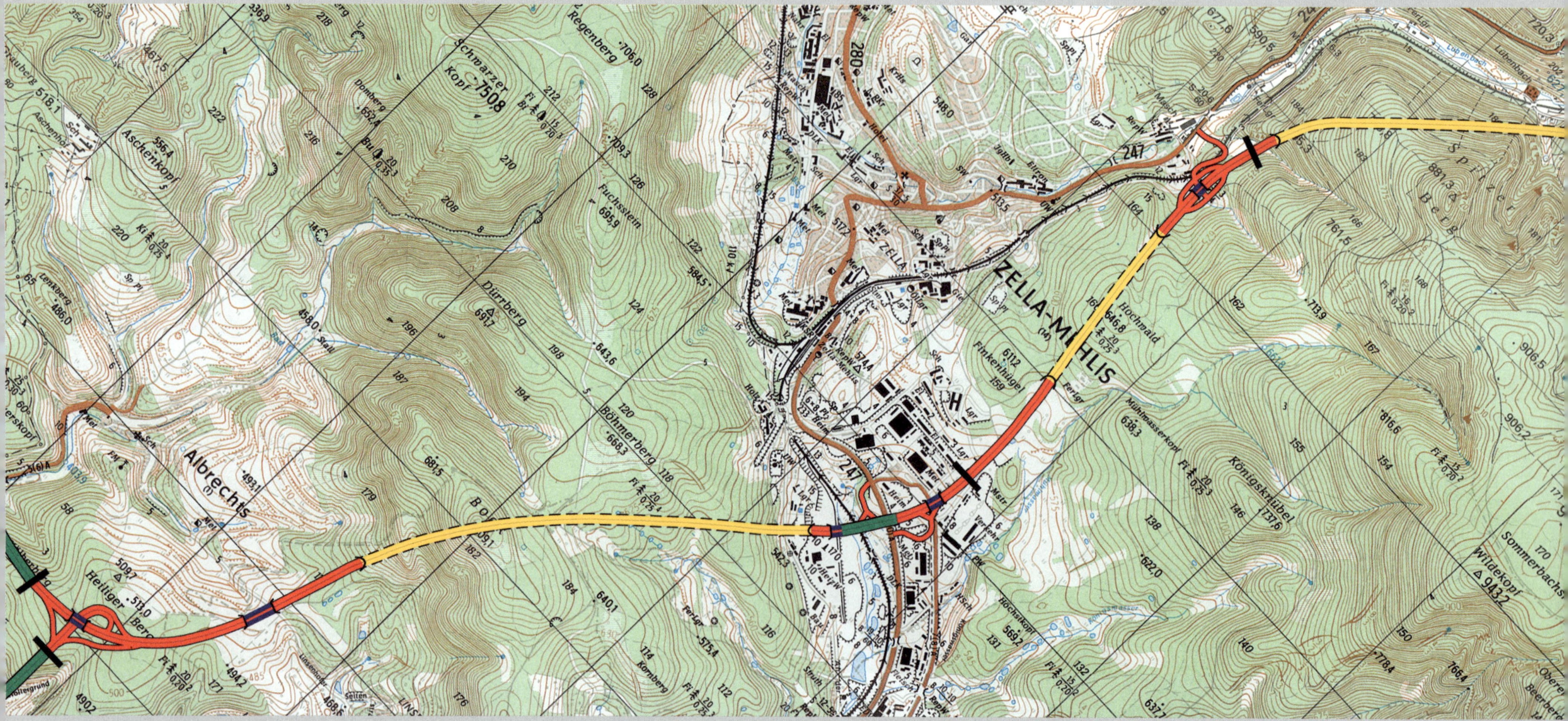
ZELLA-MEHLIS
Albrechts
Schwarzer Kopf 750.8
Regenberg
Dürrberg
Böhmerberg
Fuchsstein
Hochwald
Finkenhügel
Königskubel
Aschenkopf
Heiliger Berg
Wildekopf 943.2
Sommerbachs
247
280

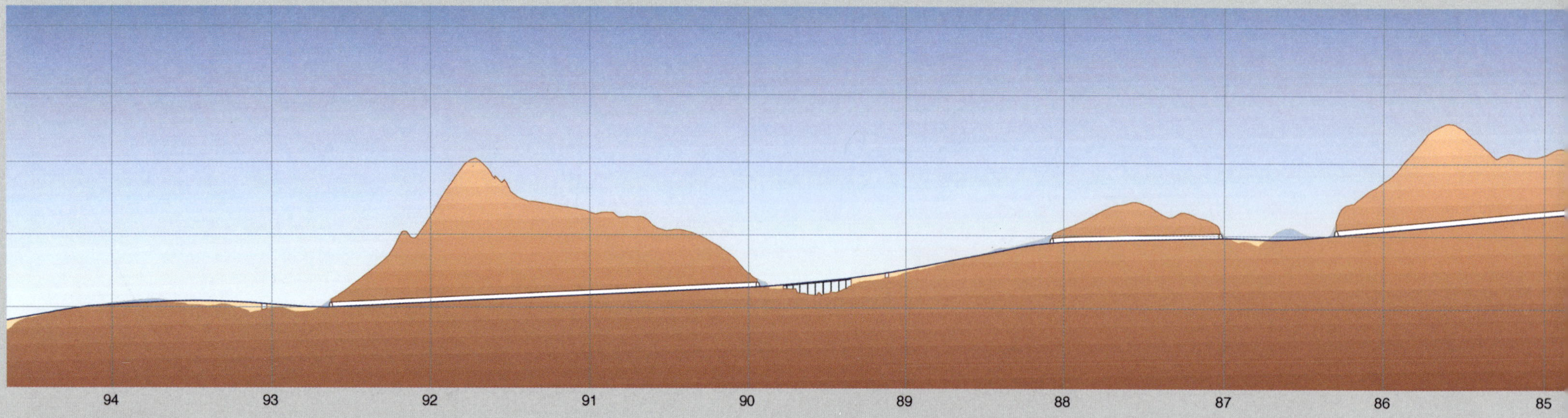
94
93
92
91
90
89
88
87
86
85